金商道

The positive thinker sees the invisible, feels the intangible,
and achieves the impossible.

惟正向思考者，能察於未見，感於無形，達於人所不能。 —— 佚名

OGSM 變革領導

打造企業創新力，
建立靈活、隨時擴充的全公司溝通系統工具

CEO高階經理人御用顧問

張敏敏

—— 著 ——

神奇的管理工具——OGSM

文｜黃智雄

企業經營就如同炸一鍋美味的香香雞，必須專注在重要的關鍵之處！

當初我們在接觸到 OGSM 這項管理工具時，對 OGSM 提倡的一頁式管理感到非常有興趣。過去不管是 MBO、KPI，甚至到是最新的 OKR 等等延伸出許多相關管理模式，但這些管理工具在管理連鎖體系上，很容易因為延伸過多而失焦。

在導入 OGSM 的初期，果然顛覆了各個經理人的管理思維。過去因為重要的事情很多，但在 OGSM 的核心價值中，刪減執行事項比增加執行事項來得更重要。因為只要做對關鍵的事，就能事半功倍！ OGSM 的一頁式管理正如同製作香香雞一般，專注於重要的關鍵，也讓管理團隊能大幅提升團隊的生產力，所謂「大道至簡」其實就是如此簡單。

OGSM 幫助我們找到經營方向

記得管理團隊一開始在撰寫「Objective 最終目的」時，我們一直思考「指標」是什麼？要如何達到目標……，其實只是在一個點上面打轉，並沒有明白真正要走的方向是什麼。

而 OGSM 所提到的，企業經營願景就像人物設定，先了解往哪裡走？最終目的在哪裡？而中間的過程說到底，只是一個接著一個的目標達成所串連起來罷了。張敏敏老師上一本著作《OGSM 打造高敏捷團隊》內曾提到：「目標是讓我們達到目的地，而願景是達成目標最重要的燃料，有燃料，才會有動力達標。」

利用 OGSM 這樣的管理工具，就如同雁行理論的領頭者一樣，能打造出一個具備方向性的敏捷團隊。透過建立願景、設定目標、簡單的做法，一步一步走向成功的道路。我知道這聽起來很神奇，但這就是這套工具特別的地方，只需要行動起來，讓團隊彼此對話、彼此激盪出達成目標的策略，那麼願景將不再只是空談，而是可以真正落地實現！

（本文作者為香繼光集團執行長）

協助企業打造菁英團隊的經典之作

文│顏君庭

我一直認為，身為一名管理者的職責，就是讓團隊如同一支菁英大聯盟球隊打出精彩的比賽。隨著公司成長，更多優秀人才加入，我們持續在探索「什麼才是最有效、最能讓每位隊友發揮全力的管理方式？」

與 OGSM 的相遇

於是，Pinkoi 經營團隊在 2021 年開始使用 OGSM 進行目標管理；為了讓團隊能更有效、深入地應用 OGSM，同年年底，我們更進一步地邀請了張敏敏老師來為團隊授課。

授課前的對焦會議，敏敏老師詢問身為公司經營者的我們：「想要透過 OGSM 解決什麼問題？」「希望公司成為什麼樣子？」經過初次對焦，我們提交了第一個 OGSM 版本。敏敏老師要我們再想想看，這個「Objective 最終目的」是否足夠激勵人心、是否清楚描繪了公司的定位與願景、是否彰顯了 Pinkoi 獨特差異化的價值、溝通的群眾和服務範圍？如果答案是「否定」的話，團隊該如何投入在這樣的 Objective 中？

經過徹夜討論、絞盡腦汁，我們最終寫出了 2022 年公司的 Objective，而

這已經是第六個版本：

*An **international leading** technology-driven and social-conscious marketplace that stands for **the first search engine** and **final destination** for **everything about design and lifestyle** in Asia for people pursuing uniqueness and mindful quality in life via innovation and SaaS.*

每位團隊成員都能獲益

OGSM 不只是目標管理方法，而是讓每位隊友有效產出的思維指引。

團隊首先充分閱讀《OGSM 打造高敏捷團隊》一書，接著在課程中由敏敏老師一一點出思維盲點，這樣一來，每位隊友都更加清楚 OGSM 承先啟後的概念。透過 OGSM，看著公司的 Objective，每位隊友也都能寫出同樣激勵人心的團隊 Objective。現在，Pinkoi 已經將 OGSM 導入全體經營團隊，並由各團隊 leader 帶著每位團隊成員理解 OGSM，大家更加清楚自己不只是執行者，而是在各自崗位上對齊公司最終願景，並將之實現的策略思考家。

敏敏老師的第二本書《OGSM 變革領導》，不僅有著前一本書的充實內容，還融入更多的實際情境，用極具力量的文字展現。閱讀後，你將會更清楚如何打造激勵人心的 Objective、如何寫出具體 Goal，如何思考 Strategy 取捨手中資源，並且有效溝通進行最後的 Measure。

雖然 Pinkoi 運用 OGSM 的時間不長，但在團隊心中已經深埋下 OGSM 概

念的種子，所有隊友都能因此站在更高的廣度思考。透過 OGSM，團隊更能有效實行、邏輯清楚，同時管理更有溫度。敏敏老師的《OGSM 變革領導》絕對是企業打造菁英球隊，走向下一個階段時不可錯過的好書。

（本文作者為 Pinkoi 共同創辦人暨執行長）

打造高敏捷團隊、高品質生活的最佳利器

文｜趙曉蘋

對我來說，OGSM 是團隊全員參與、共同產出並「畫押與承諾」的實踐工具。你一定很好奇，為什麼會用「畫押與承諾」來形容呢？

全公司團隊歷經一場OGSM革命

就在去年底，我們公司有幸邀請到敏敏老師來帶領管理團隊，在課程中我們確實地操練 OGSM 打造高績效團隊的新年度目標。過去我們僅從書本上學習 Objective 最終目的、Goal 具體目標、Strategy 策略、Measure 檢核的理論。從字面上來看這些理論並不難，也是多數自信滿滿的領導者奉為管理圭臬；然而經過紮紮實實的 2 天訂定 OGSM 目標操練，團隊全員繃緊神經、腦力激盪、上下串聯、相互協調、反覆修正，以及指導老師直搗問題核心的挑戰，最後，在大夥一致認同之下最終產出 OGSM 一頁企畫書，過程滿是成就感及感動。

所有成員在課程中認真參與，清楚了解公司需要達成的目標以及所有計畫，不斷修正並克服其中的盲點，共同商議解決方案，做為成就公司願景與終極目標的見證人及計畫者，從上到下都「畫押」，充分參與其中的目

標策略與時程規畫。

正所謂「當公司成員涉入的程度越高，對任務的認同度也越高」，產出的結果是我們共同許下的「承諾 Commitment」進而提高終極目標達成率。

OGSM——靈活彈性的管理工具

同時，OGSM 也是逢山開路、遇水架橋，有彈性的管理工具。

在這一連串的練習討論中我發現，團隊參與者會開始提出目標設定與計畫執行的困難點，並且身處不同部門的成員們，看事情的角度也開始變得不同了。有了 OGSM 這項工具，團隊成員更能透過透明公開的橫向討論，從其中找出資源，並且想方設法地高效率整合，擬定日期＋行動計畫＋績效指標衡量為這次執行過程進行檢核與驗算，進一步確認是否能具體達成目標。

就如同管理大師彼得・杜拉克（Peter Drucker）的名言：「無法衡量的，就無法達標，就無法管理。」對於管理者而言，OGSM 一頁企畫書綜合了橫的跨部門間合作，以及縱向的部門內績效指標，以便共同完成公司全體的最終目的。同時，也能在變動的市場環境下，以理性並有依據的 OGSM 指導語言引領團隊定期檢核，在有指標依據的文字／數字討論、相互協調與校正，進行符合市場趨勢的計畫調整。

在橫向的部門溝通與合作協調，以及縱向的由上而下的討論過程中，對於「指標」與「目標」能有更清楚地確認。正所謂，好的指標是由上而下溝

通產出的結論，管理者也能運用這些方式做為工作上的監督，縮短會議時間，同時也可以有效提升基層員工看重自己的程度。常言道「只有淡季的思想，沒有淡季的市場」，更能凸顯出運用 OGSM 打造高效率團隊的重要性。

認真「使用」，達到極大「效用」

現今市場瞬息萬變，經常面臨到突發狀況必須即時處理，而打亂原本的工作時序，《OGSM 變革領導》書中提到的間歇有效率的番茄工作法（Pomodoro Technique），設定 30 分鐘專注在完成一件事情上，做作為時間管理工具，按照計畫在代辦事項一一完成打勾 V。這項工具不僅可以運用在工作上，也能夠實踐在日常生活上，例如設定各類型家事完成的指標：專注在 30 分鐘內整理衣櫥、處理快過期食物、幫助小孩提升專注力，心無旁鶩地寫功課……等等，設定每天／週／月的 KPI，有效率地完成生活瑣事。

真心向大家推薦《OGSM 變革領導》這本書，相信只要認真擬訂計畫與靈活運用，不僅能夠打造高敏捷團隊，同時也能營造高品質生活。

（本文作者為歐舒丹 L’Occitane 台灣區總經理）

目錄

OGSM
變革領導

僅以本書獻給

臺大商學院戚樹誠教授、臺大商學院劉怡靖助理教授。

謝謝您們磨練我的智慧，讓智慧得以進入到日常，

而成就眾人的非凡。

變革，讓危機成為轉機

"Never waste a good crisis."
千萬不要浪費一場危機。

——前英國首相 邱吉爾（Winston Churchill）

後疫情時代，你需要力行變革管理

資誠企管在「2021 台灣企業領袖調查報告」中，用了邱吉爾在第二次世界大戰演講中的這句話做開場「千萬不要浪費一場危機」[1]，而開啟這份針對 234 份量化問卷與 13 位企業領袖及業界菁英訪談的報告書。內文中不斷提醒，危機的出現代表重整的需要，只是報告中形而上學的建議，讓更多經理人雖然抱了一堆心法，對於市場變動卻少有立即可用的方法，使得疫情後的市場缺乏過去經驗的支撐，讓人顯得無助。這樣的無助甚至因為疫情的攪亂而來得更為突兀。

2020 年一位在美國紐約的專案經理，在 FB 上分享著：

> 「離開辦公室前，我記得我還有半杯咖啡留在桌上，椅子下也放了一雙我剛買的運動鞋，我還記得我心裡想，過幾天再來拿。但，這『過幾天』卻相隔好遠……」

疫情所造成的變動出現在你我身邊時，那種眼見為憑的震撼力，搭配上曾經聽聞的不安，人深陷其中，就像不同樂器卻同時奏著同一首悲鳴曲，這種無預警的變動任誰都難以消受。這時邱吉爾的話如同醒鐘，提醒自己用勇氣、毅力，去思考如何能在變動中讓自己往更好的方向走。

老店的崩塌

變革，已經不是媒體報導裡，遙遠的紐約金融市場變動或是中東能源及供應鏈的重整；變革，已經慢慢透到通路產業，尤其在 B to C 的範疇中影響更甚。老店，甚至許多百年老店見證變革的破壞力，由緩而鉅，它的崩塌讓人最為心碎。

到美國一定會去逛逛走走的大型連鎖百貨公司傑西潘尼（JC Penny），成立於 1902 年，它是第一個具有倉儲功能的一站式購物中心，早期是為了協助郊區居民或農民生活型態，以一次購足生活所需而成立的商場。傑西潘尼在 1928 年即有 1,000 家店，但在一百多年後的今天，卻僅維持 800 家店鋪數量，規模比老祖宗當年打下的基礎還單薄，它還計畫每年以關閉 200 家的速度維持基本生存。最終還是在 2020 年 5 月因不堪新冠疫情的重擊，宣布破產。

另外，重訓愛好者很熟悉的保健食品零售商健安喜（GNC），於 1935 年成立，總部位於美國賓夕法尼亞州匹茲堡（Pittsburgh），銷售包括能量產品、減肥、維生素、補充品等。僅管這家招牌老字號挺過了第二次世界大戰，但卻挺不過疫情和電商的鯨吞蠶食，在 2020 年 6 月總公司申請破

產，90 耆壽的光彩，終究黯淡。

深受加拿大、美國喜愛的時尚鞋商 ALDO，有著華麗非凡的店面，我還記得在 101 大樓逛街時，總會忍不住在 ALDO 櫥窗前放慢腳步。這個在 1972 年於加拿大蒙特利爾（Montreal）成立的鞋子品牌，以創意、絢麗聞名，終在 2020 年 5 月於加拿大、美國和歐洲尋求債權人保護。[2]

傑西潘尼、健安喜、ALDO 等，都是伴隨我們的生活起落。如果你的觀察敏銳，應該早就發現，所謂的變動已不是趨勢報告書的繁複文字，變動已經進到我們的生活，改變街頭巷尾的視野，改變我們的生活日常，當然也鑽進你工作的一切。

拖延的變革

變革管理聽起來如此華美。每個企業家誰不想讓自己的公司更好，提前準備，超前部屬，面對挑戰。只是看著別人的變動，遠觀的我們稱讚為「優化」。等臨到自己得變革時，總少不了抗拒和不經意的拖延。

隨手舉個例子，數位化的潮流已經是個趨勢，實體通路與電子商務的混商結構也是必然。但是引進數位需要資金投入，需要改變現有作業流程，必須和內部人員溝通，甚至需要組織重整。在變革推動的過程裡，由於缺少對變革的理念和熱情，也缺少變革管理所需的溝通和工具，缺乏上下同仁的共同語言後，「變革」一詞在同仁間雜音變多。

無奈當下事務緊急且麻煩，同時眼皮子底下救火問題又不斷湧起。這裡有

良率問題，那裡有貨樣品質差異。這裡有問題這裡解決，那裡有問題那裡處理，俗事纏身後，公司最高領導因此把「變革」這件事交給特助去做，然後神情嚴肅地交代：「這是最重要的事」。接著，像殉道者一般投身在救業績、搶市場的烈焰中。好不容易交出上半年數字，對股東總算有個交代後，回頭問特助查進度，想了解「變革」這件事辦得如何了，想當然爾，缺少最高領導的跟催，缺少最高領導的溝通，「變革」這事辦得無力而且零碎。

最高領導生氣了，把變革這事又領回來做，帶了兩個月，想說上軌道，應該同仁可以自己執行了，這一解封，舊習慣又立刻就位。結果，這一路下來在變革的路上空有想法，沒有執行的節奏，也缺乏持續推進的執行力，更遑論溝通的共同平台和執行工具。這個結局就是我們所稱「變革成功機率僅 5%」的狀況。很多人都知道要變革，也都同意變革可能帶來的好處。但真正走到底，以意志力和執行力完成的領導者是少之又少。比較多的是剛開始興致勃勃，然後走到一半中途放棄。

放棄本身並不可怕，可怕的是，領導者看到新的變革管理方法，又開始想要採納。可能因為看了某本書，可能聽了某個演講，或者到了某家企業參訪，領導者被啟發，深深覺得應該要改變公司作業方式和體質，如同輪迴般，新的變革管理方式又被導入公司，同樣的故事再發生。可憐底下的員工承受如地震般的組織重整，只見積極的同仁試圖再產生新的 SOP 回應市場需求；一些資深同仁，則以靜制動等待這波浪潮再過，全體上下都在「等」變革：都在看這次變革可以玩多久。

以上的描述是我在企業輔導過程中的側面觀察，繼第一本關於 OGSM 的

著作──《OGSM 打造高敏捷團隊》之後，而這也成為我出第二本書的動機：變革要成功，除了簡單、上手、易用的工具外，OGSM 的一頁表格在施行到每家企業後，由於每家公司狀況互異，**變革土壤不同**，因此在真正推行時可能產生的問題，某些過不去的轉折點，甚至使用者需要的底氣，都需要一次講清楚。

但，工具就是工具，就像一台再好的車，都需要有個偉大的駕駛員；OGSM 這個工具也需要一個偉大的掌舵者。我們發現手上的成功案例，都是來自領導者持續、不斷的推行。路絕對不走一半，有問題就溝通，有狀況就調整，而不是亟欲跳上另一輛變革的列車，又讓自己的員工急速前行，但心中卻始終惶惶不安。

我們手上有很多成功案例，但我們發現，這些案例都有以下兩個成功的前提：（1）以「學習」為變革的底氣、（2）由領導者帶頭前行。

變革需要沃土

2020 年 9 月，有一場讓我印象十分深刻的會議。

台灣某國際級科技公司總經理透過祕書和我聯繫，希望我到內湖辦公室跟他談一談「如何在企業中導入 OGSM」。說真的，我半信半疑，甚至一度懷疑這是詐騙電話。

9 月那天，我們團隊三個人被神情嚴肅的人員帶到一個特殊電梯，進到這外人難得一窺的總經理辦公室，一眼望去，看到所有灰色的文件櫃上面，

滿滿擺著都是書，至少有 200 多本吧，但其實這麼多書擺著原本也沒什麼，只是這些書看起來都是有人看完後放在這裡的。

經過 5 分鐘揣揣等待，終於見到總經理本人。袖口捲起的藍色襯衫襯著略帶風霜的面孔。

總經理看到我後，劈頭就說：「我們公司員工每個人都做到 KPI 了，但卻做不到我想要的績效。」

總經理接著悠悠地說著：「我想要一個簡單到不會讓人排斥，而且我的廠線、研發、業務都可以用的工具。我們公司 KPI 執行很久了，員工的 KPI 都達標，每年大家都領得很高興，但是我自己從業務主管一路做上來，我很清楚 KPI 的設定讓大家都領頭獎，但是對於公司的績效貢獻實在有限。市場不等人，我需要執行力！」

總經理從一開始即賦予信任，接著帶頭參加課程，他也配合要求寫 OGSM 作業，並要求各單位主管把這套方法往下展延。**決心改變、耐心推動、知識學習，成為這家企業推動變革的底氣**。其實我或這位總經理心裡都清楚，**重點並不是推動 OGSM，重點是，當一個老闆想要改變公司，不論那是什麼觀念或工具，代表他推動，而且做得成，這才是最重要的事**。

變革需要領導者帶頭前行

自從《OGSM 打造高敏捷團隊》一書問世，我和所屬的 JW 智緯團隊以及商周 CEO 學院，我們透過顧問、實體培訓、導讀、願景日、工作坊、

OGSM 表格練習、教練指導、會議練習等，以各種方式將 OGSM 執行工具導入到各產業。這本書自 2020 年 4 月 30 日上市以來，遍地開花，我們看到令人興奮的成果，並很篤定地認為，變革若要成功，需要裝備簡單的工具使用。而這個簡單工具，**則需最高主管率先學習，並自己在公司內部擔任教練和講師，實際運用學習而產生具體結果。**這種由上而下的貫穿，加上 OGSM 工具的使用，讓變革管理的成功路上，帶動整個團隊往前疾行，即使市場不斷變動，也可隨時**跳躍性地調整**。

我們有成功案例，這些案例如下：

- **光寶科技 LITEON**：創立於 1975 年，為台灣首家上市的電子公司，為全球光電半導體及電子關鍵模組之領導廠商，其產品主要應用於雲端運算、光電、汽車電子、5G & AIoT、資訊與消費性電子等領域。2020 年 9 月開始由總經理導入 OGSM。2 年時間內，各事業部最高主管、處級、經理級主管完成 OGSM 課程訓練。2021 年第 1 季成立內部 OGSM 講師團隊「海賊團」，2021 年第 3 季開始將 OGSM 導入「光寶 NBA 計畫」成為新人基礎訓練課程。總經理有步驟地率先養成高階主管 OGSM 策略思維，鼓勵內部溝通文化、藉由成立內部講師，鼓勵潛力經理人進行邏輯訓練及扮演教導工作，在公司內部產生具有創意、對話、思考、相互協作的質變力量。

- **EcLife 良興電子**：自 1973 年成立，旗下有實體門市「良興電子資訊廣場」、網路商店「良興 EcLife」、愛達數位整合行銷。主要以電子通訊及電腦周邊零售為主業。自 2020 年開始，由總經理引入 OGSM，在 8 個月內藉由教練引導及開會，成功地透過 OGSM 進

行跨部門整合。並且認為 OGSM 工具可以讓員工由下而上自行提出工作方法及檢核指標，主管接著由上而下給予進度跟催及修正。OGSM 目前為該企業跨部門溝通、專案管理、內外勤通用的工作管理表格。

- **LinkCom 聯寶電子**：創立於 1988 年，以生產、製造、銷售通信用的磁性元件起家。董事長譚明珠女士在 2021 年率先帶領一級主管閱讀《OGSM 打造高敏捷團隊》一書，並自行在企業內透過開會，練習 OGSM 邏輯。之後以實體培訓課程，進行 OGSM 釋疑和邏輯訓練。2021 年 7 月確立公司全新願景，並開展 PoE 的年度目標及行動計畫。從導入到產出 OGSM，前後時間約 4 個月。

- **四季藝術幼兒園**：由創辦人唐富美女士在 1996 年於台中創立，版圖內有 5 所幼兒園、5 所課後國小 ESL 創客學校、四季文化出版事業和四季藝術教育基金會，是台灣唯一兩度榮獲教學卓越獎的教育機構。2020 年底重新定義願景後，先在各校產出各自的 OGSM，並於該年第 2 季進行 OGSM 跨校大整合，以 OGSM 產出的跨校總表，讓各校進行更完整的資源共享。2021 年榮獲《哈佛商業評論》數位轉型鼎革獎。

- **泰晶殿皇家養身管理集團**：2005 年於台中成立，是一頂級養身管理連鎖集團，截至 2021 年 7 月全台共有 13 家店面。張秀華總經理自 2021 年 1 月起，全面以 OGSM 進行店面業績管理。每 10 天設定繳交 OGSM 時程。明顯成效首見於新人學習。以往人員培訓養成需時 1 年，透過 OGSM 的追蹤管理，6 個月即可讓員工投入前線，產生 2 倍績效。

- **YCM 優克美防霉顧問公司**：成立於 2010 年，早在 2018 年年底，

即透過商周 CEO 學院，開始導入 OGSM。導入前期，創辦人陳冠杰先生即接受 OGSM 邏輯訓練，並特別針對行銷、國際營業團隊、國際顧問團隊進行內部授課。直至 2021 年第 1 季，YCM 全體員工累積 OGSM 學習超過 100 小時。YCM 使用 OGSM 後，認為對新人融入公司文化，並協助新人快速達成指標相當有幫助，而且可精準投放訓練資源而不浪費。YCM 於疫情期間逆勢成長，於 2020 年第 3 季即完成該年度目標，績效成長 25%。

你可以這樣使用這本書

你可以不必先看第一本書《**OGSM 打造高敏捷團隊**》。這對你應該是好消息，但我要說的是——如果你已經習慣做計畫，或者你經常性在使用 PDCA 做專案，我認為，你不需要回頭看第一本書。**OGSM 其實是建立在 PDCA 表格之上**，但多加了願景領導（Objective 最終目的），以及策略思維（Strategy 策略）。這是因為 PDCA 當初是為了生產作業管理功能而產生，OGSM 能夠補其先天上的不足。而這樣的補強，讓 OGSM 有了語言和邏輯的功能。OGSM 的邏輯功能可以使部屬承接上司的想法。OGSM 的語言功能可以讓跨部門之間如同建立橋樑而能彼此協作。

在輔導的過程中，我們也注意到有 PM 經驗、IT 背景、之前曾經運行過 OKR 或 MBO 的夥伴，他們上手 OGSM 的速度非常快。

OGSM 背後的精神其實是「溝通」。它讓所有人在開會時，聚焦在同一張表格，由於 OGSM 表格會限縮版面，因此很自然的，我們會把重要的事項，需要其他人幫忙的工作，以及預計需要完成的指標專案填入。只

要照著這張表格開會，不需要另外補充其他資料，可以讓開會時間減少至少 50%。因此如果已經習慣開月會、週會的主管，也很容易快速入手 OGSM 一頁表格。

前半本是觀念，後半本是解答。《OGSM 變革領導》是台灣產業進行變革管理的觀察及解答。

當你翻開此扉頁開始進入主文時。請放下擔心，也不要逼自己一次學習到位。學習不是考試，只要確定有耐心慢慢看、慢慢練。這是學習，沒有人會檢查你，**你只要認為自己有點開竅或進步，這樣就足夠了。**

- **各章摘要**：本書前半段是觀念，後半段是釋疑。我在本書第 1 章先介紹核心觀念──「變革」及其沿革，在第 2 章則把 OGSM 整個基本定義、觀念、使用時可以有的變化等都介紹完畢。基礎觀念的篇幅不會太多，因為我不想用理論佔去您太多閱讀時間。第 3 章之後的章節，是我輔導的企業使用 OGSM 並在轉型之路上，所遇到的問題與解答。

  第 3 章及第 4 章著墨在 OGSM 之首「Objective 最終目的」的價值以及如何寫出最終目的。第 5 章及第 6 章是「Goal 具體目標」單元，側重於如何在撰寫時展現具體訊息，並開始展現 OGSM 向上承接的邏輯語法。第 7 章單獨談「Strategy 策略」。談策略的分類、策略的運用和撰寫策略時容易產生的混淆。第 8 章則是「Measure 檢核」。特別放大說明檢核的指標，並整理出國內外企業常用的衡量指標以供讀者參考。

- **每章末 QA 整理重點**：這本書特別設置了 QA 問答的方式，第 3 章

至第 8 章以問答結構寫成文章，每章節的最後，會以每個問題的答案整理成本章要點，您可以在這個 QA 表當中快速複習每個 Q 的簡潔答案。

- **書末開放 OGSM 表格下載**：另外，一般讀者比較少接觸到企業型表格，網路上或公開資料中也少有參考範例，為了滿足許多 CEO 及總經理的需求，我特別把 3 種屬於企業型的 OGSM 變化表格，整理在第 9 章，您可以在〈附錄〉掃描 QR-code 下載且直接使用。另外，書中所舉的 2 個 OGSM 完整案例，您也都可以掃描下載後直接在表格上修改，而立刻擁有一份專屬自己的 OGSM。

僅以這本書謝謝相信 OGSM 工具，並且身體力行的夥伴。我知道改變的過程中，人都有疑問，信心也會存疑，但我很感謝你們在我面前展現脆弱、表現不安。因為，這些脆弱和不安都是來自你們對我的強大信任。**我謝謝這份信任。**身為一位企業顧問，我沒有什麼可以回饋你們的，僅用文字，透過指尖，讓自己成為一粒麥子，期待生出更多子粒來。因為有人對我如此，我亦如是對你。

張敏敏於 2022 年春天
台北市羅斯福路四段 1 號

第1章

瘋狂且無法預測的變革之路

當一頭鑽進變革，「讓我們發現到現實的改變可以
如此荒謬、非理性、沒有次序、無法預期、不確定，
甚至是愚笨、瘋狂，且根本就是相互矛盾的」[3]

──赫拉克力歐斯（Heracleous）& 巴圖尼克（Bartunek）

「變革」一詞
來自英文「change」的中
文翻譯。變革來自有計畫變
動，或無預期的被動反應。

變革的定義

什麼是「變革」？近來這個高大上的字眼，征服了許多文章、演講、書籍封面，但至今所看到的答案仍莫衷一是。

我決定從源頭開始尋找。

「變革」一詞來自英文「Change」的中文翻譯。這個英文字在中文裡也翻譯成「改革、革新、變遷、變動」等。所以「組織變革」又可稱為「組織改革、組織變遷、組織創新」等。在文獻上，早期對變革的定義以行政學學者羅伯特・歐文（Robert Owen）和卡爾・史登霍夫（Carl Steinhoff）《在學校中的行政變革》（*Administering Change in Schools*）一書為代表。書中針對學校的行政體系進行研究，認為「變革」是改變組織的任務、組織的結構、目前採用的技術和參與的成員等各方面，這兩位學者認為，所謂「變革」可以事先計畫、有系統，同時可控制的投入，只要事前規畫完整，徹底執行，就可以達到想要的目標。

在這個文謅謅的定義中，把「變革」視為對環境變化的「事前反應（pro-act）」，變革像是一個專案計畫，因為是專案，所以可以事前妥妥地安排資源，撰寫計畫，達到想要的結果。這裡隱含一個有趣的詞叫做「可控制」，暗示有計畫的變革，可以打敗環境的不確定性。人定勝天的意思相當濃厚。

30 年後，工業 3.0 的網路時代來臨，在 Web3.0 研討會中開始提醒，「變革」並不一定是乖乖依照設定的計畫而走，更多的是非計畫性、是突發的，是「被動回應（re-act）」市場的結果。最佳的例子，2001 年美國

911 事件導致政經環境大改變，2008 年雷曼兄弟事件的金融大海嘯。此種非計畫性的變革對企業而言是跳躍式的改變，企業必須和過去的經驗值切割，產生一種為了生存不得不的做法。

由於必須活下去，而且儘快找到方法，因此，學者（如 R.McAdam, 2003; M-Zairi, D-Sinclair, 1995）建議變革的成功，最快的方式就是模仿，找到業界的典範或標竿（benchmarking improvement），找到別人活下去的方法，然後減少自己與標竿企業之間的差距。

由於模仿的對象不一定是同產業，兩家公司的差異性應該原本就很大，所以「變革」就變成一種「革命性的再造（reengineering）」，需要針對公司內的流程重新思考、重新設計，盡快「反應市場」迎上潮流。

「敏捷反應」是為核心，簡單而言，誰快速反應市場，誰就活下去。適者生存的意思相當強烈。

在後者的變革定義裡，認為決勝關鍵在於「敏捷力 - 反應市場的速度及力道」。當反應市場的速度夠快（敏捷），當反應市場的力道夠大（再造），至少可保證企業不被淘汰。在此定義中，很明顯看到愈來愈多的學者對於「變革」一詞的無力感。事實上，一波波的產業體質不斷產生變化，從 1990 年代的網路時代到 2020 年元宇宙誕生，凡存留的企業總算找到成功之路，但令人焦慮的是，下一個成功模式在哪裡？企業如何才能長青？才能永續經營？

事實上，學術圈很努力地整理出成功企業家的軌跡，可供企業在變革之路上參考，這下總算有機會讓人預見成功的樣貌了。

魯溫的3階段變革模式

圖 1-1：變革理論之父魯溫

圖片來源：Wiki

談到變革，一定得介紹學者魯溫（圖 1-1）。

變革理論之父柯爾特・魯溫（Kurt Zadek Lewin）在 1951 年以心理學中的團體動力學概念出發，提出「團體力場分析（force-field analysis）」，認為評估變革是否會成功，就得檢視「阻力」和「助力」拉扯之後的結果。只有往前進的「助力」遠大於往後退的「阻力」，改變才會成形，透過改變才能達標（見圖 1-2）。也因此，我之前服務的萊雅集團（L'Oréal），即採用阻力和助力的概念工具「雨傘」進行快速決策。在每個月月會或績效檢討時，如果左邊的「 - 」項目數量少於右邊的「 + 」項目數量，通常就會提供一個方向，讓經理人很快且理性地決定接下來做法，得以快速反應市場。

圖 1-2：快速決策工具：「雨傘」

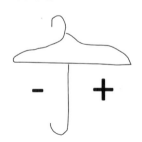

魯溫博士認為把這樣的團體動力學概念放在企業變革的話，他觀察企業會經歷 3 個重要的階段：

一、**解凍（unfreezing）**：解凍意味著企業必須營造變革的氣氛。

要告訴員工，接下來他們會開始面對改

變，員工要有心理準備，以期把後續推行可能的反抗阻力，降到最小。

建議做法：公司開始進行變革管理的讀書會；公司積極推動到其他企業參訪；經理人分享其他業界的變革成功案例等。

二、**變革（moving）**：開始進行組織調整。

公司開始針對變革，重新設計工作流程、布局部門間分工、要求員工彼此間發展新的互動模式、採納新技術或新系統等。在此階段，主要任務就是讓新的工作模式、溝通模式儘快成型。

建議做法：鼓勵員工主動提出變革方案；公司要部門間針對新的技術（專案）組成專案團隊；重新調整組織架構；進行上下游的整併等。

三、**再結凍（refreezing）**：

把發展出來的新模式固定住，變成習慣，使變革有新的穩定，員工工作和溝通方式以此找到新的平衡。

建議做法：公司將員工創新思維的工作坊變成例行的訓練；或者每季提撥獎勵金鼓勵員工創新；公司讓原專案團隊模式優化後，再引進新一代技術等。

魯溫博士變革三階段提供了完整的變革概念，但業界批評，過於簡化，感覺變革好像發生在真空的世界裡。三個階段的變革，未思考到員工的抗拒，沒有考量到組織內政治因素，也沒有考量到領導者的脆弱。你我都試圖在公司內推動新想法，我們承認吧，變革要成功，絕對不是老闆說一句話就算數的！

科特的變革8法

圖 1-3：哈佛商學院教授科特

資料來源：By Keiradog - Own work,
CC BY-SA 4.0, httpscommons.wikimedia.
orgwindex.phpcurid=34997622

哈佛商學院教授約翰‧科特（John Kotter）延續魯溫博士，在 1996 年出版的《領導人的變革法則》（*Leading Change*）一書，認為「『變革』是一段遙遠且需要不斷堅持的長路，而這段路上會需要歷經關鍵步驟，才得以成功。」科特博士在《哈佛商業評論》（*Harvard Business Review*）中文版（2007 年 2 月號）一文中，剖析出更容易遵循的「變革 8 法」，非常適合給推動變革遇到困境的你參考。（見表 1-1）

科特變革 8 法最大的特色就是提出非常具體的變革步驟，並且認為變革要成功就必須順此步驟而行，不要跳躍，不要輕忽才能保證成功。科特變革 8 法放大了溝通的要素，認為想要變革成功必須透過不斷地溝通，以此達成變革共識，改造工作氛圍，產生可支撐變革底氣的組織文化。

科特變革 8 法也放大員工的力量。認為變革要成功，必須留意員工對改變的想法，對改變的反應，意味著變革的成功與否不再是領導者心之所向的事，更多的是領導者必須和員工一起攜手才得以完成。

表 1-1：科特的變革 8 法

1. 建立危機意識 ↓	領導者讓員工意識到公司需要改變，公司有生存與否的危機，員工開始討論現有工作是否可以反應市場需要。
2. 成立領導團隊 ↓	變革需要一個有力的領導者。而這個有力領導者身邊需要有軍師或團隊。當遇到阻礙或疑惑時，領導者可以找人討論，也可以藉由這個團隊和公司內的員工溝通。
3. 提出組織願景 ↓	變革領導者需要跟大家溝通領導人的願景，以及這樣的改變究竟要把大家帶到哪裡去。領導人需要精準地描述這個理想畫面，讓員工產生認同及信心。
4. 溝通變革願景 ↓	這個願景及畫面，必須不斷地、頻繁地，由變革領導者和員工進行溝通。所謂溝通，還包括員工必須有機會提出自己的疑慮，並有機會得到領導者的解答。
5. 授權成員參與 ↓	員工要參與在這個變革過程中，至少，要讓變革的過程是透明的，員工知道主管的期待，知道主管在想什麼，以此，領導者獲得員工的信任，並且互相對變革有承諾。
6. 創進近程成果 ↓	變革的路是漫長的，在這段實踐的過程中，當有任何小小的成功，就必須想辦法歸因到變革，是因為變革，才產生這個勝利。
7. 鞏固成果再接再厲 ↓	領導者的勉勵，領導者不斷地提醒變革及成功的果實，是讓變革延續的關鍵。
8. 新做法深植組織文化	公司變革的過程，慢慢地變成一種制度，變成一種習慣，變革讓公司上上下下成員間彼此學習，而這種學習，不會只是一次就結束，還會不斷持續下去，以此形成工作的氛圍，形成公司的文化。

彼得‧聖吉的 U 型理論

時序進入 21 世紀，以《第五項修練》（ *The Fifth Discipline* ）作者彼得‧聖吉（Peter Senge）為首的四位作者 * 在《修練的軌跡》（ *Presence* ）一書中，將組織視為一個有機體，認為企業的轉型變革（transformation change），必須由個人有意識地察覺，進行內心對話，慢慢地並擴延到團隊成員，如此才能面對艱難的問題或排除進退兩難的困境。他們提出「U 型理論」，認為應該在變革的壓力還沒有如排山倒海來臨之前，領導者就必須有意識地去感受、察覺，因此提出 U 型三階段論：「感知（Sensing）」、「自然湧現（Presencing）」、「實現（Realizing）」。

「U 型理論」撤除變革的步驟，而放大個人的內心狀態，視過去的經驗為養分，成功變革是一個組織不斷學習的過程，一個有深度反思檢討能力的企業將在混沌的環境中，更清明地知道該往哪裡走。此種內心探索，深具哲學意涵的變革想法被稱為是「第六項修練」，但太過哲學層次，和商業模式的運作太過偏離，並未引起太多業界的討論。

但，這些理論適合台灣嗎？

但不管是變革 3 階段、變革 8 法、U 型理論，理論提供思路方向，讓我們在面對變革可能產生的狀況中，去辨認哪些有意義，哪些有價值。只是上

---

* 這四位作者分別為彼得‧聖吉、奧圖‧夏默（C. Otto Scharmer）、約瑟夫‧賈渥斯基（Joseph Jaworski）、貝蒂蘇‧佛勞爾絲（Betty Sue Flowers）。

述的理論已經如此美好，領導者也早已知道要躲開危險或排除障礙，但是……到底還缺少了什麼？為何變革的成功率竟然不到 5%？

我認為台灣的產業結構和國外大相逕庭，因此理論在台灣是否適用存有可議性。

根據經濟部出版的《2021 年中小企業白皮書》，以實收資本額 1 億元以下或經常僱用員工數未滿 200 人為認定，2020 年台灣中小企業家數為 154.8 萬家，占全體企業 99%；中小企業就業人口數佔 81%。銷售額為 23.5 兆元，占全部企業銷售額超過 5 成。意思就是，台灣的中小型企業已經占 99%，貢獻約 5 成 4 的產值。相較於國外的大型企業管理經驗，顯然差距頗大。

的確，在輔導 OGSM 及變革的過程中，我們親眼見到許多走在變革路程的領導者，他們的顛簸之路有其獨特性，並特別顯示出台灣產業特色。以下是難得窺見的臺場觀察：

企業變革在台灣遇到的困境

一、變革走到一半沒有耐心和時間，因此委任他人處理

在管理中 2 件事不宜委任：（1）當主管與員工的能力相差過大時；以及（2）攸關公司生存的事情。我認為，領導者應該要視「變革」等同於「攸關生存」大事。意思是，既然決定要變革，就要做到底，凡事要親為，「變革」不能完全委任。

不能委任就表示——凡是和變革有關的會議老闆都要參加，所有和變革有關的文件老闆都要仔細查看並親自看過。但由於許多企業主是業務起家，或者和客戶相當熟稔，當市場變動、客戶召喚時，泰半老闆就得放下「變革」，回應市場要求。但變革的困難點就在於：變革做到一半，公司內部許多變動還有待成型，結果老闆將這件事委託特助、副總來執行，此等攸關組織文化的軟能力，被委任成一個硬是得完成的剛性專案，變革因此變成生硬的 KPI，其結果之壯烈，可以想見。

委任為何會失敗？經過側面觀察發現，如果企業主一開始沒有親自和一級主管溝通「為什麼要改變？」或者覺得自己已經講過好幾遍，認為大家都懂了，只要開始鬆懈了，就等於埋下變革失敗的種子。

委任為何無法有效完成變革？這是因為，變革往往會牽扯到新觀念、新做法、新的管理工具。當被委任者，不論是副總、特助等，由於對以上的新內容無法完全了解，難以在第一時間解答大家的疑惑，針對和現有制度矛盾之處無法提出全盤解答……，當難以回答的事情愈來愈多，累積了過多的疑惑，使變革成為情緒的戰場。疑惑引發了憤怒，憤怒又引發了集體情緒反彈。可以預見得到，變革最後將無疾而終。

即使沒有情緒的征戰，同仁們眼見這件事由特助、副總接手，自然地，在心裡為「變革」這件事降低等級，因此，敷衍了事，至少讓大老闆覺得自己有在動，如果上層有詢問，簡單反映和反彈，然後再看老闆怎麼出手再說。

另一方面，特助、副總就算跟在老闆身邊多年，再忠心的老臣也不會是領導者肚子裡的蛔蟲，這讓許多變革的事處理地很生硬。例如，以超出預算

為由阻止新技術開發，以其他員工有樣學樣為由，讓員工無法申請在家工作等。由於「變革」會產生許多現有制度不容忍的事，如果缺乏彈性或對決策的容錯空間很小，員工就容易產生心理的抗拒和反彈。

針對這點，我自己也充滿感觸。

因為 OGSM 的推動，我平均一個月有超過 10 次與高階主管或企業領導者面談的機會，私底下也會和內部推廣或委任者對話。

特助對我說：「老師，我根本不知道什麼是 OGSM，老闆要我改大家的 OGSM 表格，我覺得很煩惱。」我的建議是去研究什麼是 OGSM 表格，並且和你的老闆溝通他的願景和目標。

副總對我說：「老師，總經理沒有提供我 O 的文字，所以我要自己先寫 OGSM 嗎？」我的想法是，年資超過 15 年的副總經理，底下帶了超過 100 人，絕對要主動地表達自己寫計畫表的意願，不需要等總經理寫完，才接下來承接。

HR 人資對我說：「老師，公司的處長、協理都已經上過 OGSM 的課程，也都知道新上任總經理的想法了，接下來要怎麼把變革的觀念帶到下一層呢？」我的建議是，讓處長和協理自己帶下一階主管，帶領著他們讀書、帶領著他們學習，使用自己部門可以接受的方式，不斷去接受改變的觀念和可能性。自己人要自己帶，才會養出自己人。

上述這些疑惑，答案其實沒有很難。談到最後，變革成功**需要主事者親自上戰場，持續推動**；過程中，不斷教導和部屬溝通，讓團隊處在**正面積極的氛圍中**，才可以為變革提供茁壯的養分。

二、威權式領導讓變革變得困難

另一種極端是，老闆習慣直接下命令，員工也習慣等老闆的指揮。老闆說，員工才做，此種威權式領導（Authoritarian Leadership），讓一個個變革工具，成為一張張擾民的表格，當然也讓變革寸步難行。

我在輔導企業轉型的過程中，到講課的現場後只要發現員工唯唯諾諾，問他們都不說話，也不會為自己的決策辯護，我就知道事情不太對勁了。我們曾在南部帶領某一傳統製造業時，全公司上上下下都在等執行長開口，確定真的必須寫 OGSM，接著又等執行長裁決下來，然後才確定 OGSM 要以客戶為中心來調整格式。開會時，執行長無助地大喊，「什麼都要等我，我只有一個人呀！」但我更想說的是，「一個強勢的主管養出軟弱的員工，絕對不是一朝一夕的事」。**「公司的問題往往都來自於坐第一排的人」**，許多領導者似乎都沒有察覺到自己是問題所在。

三、變革需要時間醞釀

愈來愈多老闆等不到變革的成果，覺得已經導進了新制度、新做法，部屬應該已經知道怎麼做。但結果卻變成，變革的一開始沒有思考清楚，未能設定明確目標，當「覺得」效果不如預期，就下了結論認為：「這套不管用」，然後又轉頭採納別的新做法。

由於「變革」往往是大動作，所有一級主管及重要幹部都必須全員出動，如此「擾民」的情況下，如果沒有馬上在業績上看到成效，沒有馬上在技術上看到優化，許多老闆挨不住主管的怨言，也止不住幹部的提問，自己都快站不住腳，甚至老闆面臨面子的問題。最常見的解決方法就是，老闆

再度引進新的變革工具，請了新的顧問，用全新洗掉過去的舊新，止住悠悠眾人之口，以此避免被說老闆決策錯誤。

你我都不是完人，當疑問如排山倒海時，該怎麼確定自己在對的路上？我們發現，變革要成功，一開始必須訂定明確的目標。除了要堵住悠悠眾人之口，也必須讓企業主心穩。

我們建議：

1. **目標的訂定，短期內不要和業績、毛利率等，有太緊密的掛勾**，前述兩種因為是「落後指標」，往往是最後呈現效果的地方，反而會讓一階主管質疑，讓股東失去耐心，造成企業主的壓力。

2. **設一些「前進指標」**，例如新人的留任率、員工的幸福企業感受、員工自願付出的公民行為、員工自動參與或認領專案的比例等指標是比較好的。建議這些「前進指標」可和員工狀態掛勾，這是因為員工的工作態度能夠有效投射出對公司變革的想法，而成為企業變革的底氣，也是企業的無形資產，終究反映在最終績效上。

四、企業主沒有讀書的習慣，缺乏變革的底氣

我們發現，領導者習慣看書、習慣進修、公司有讀書氣氛的，比較容易推動變革。有趣的是，很多企業主認為自己常常在吸收新知識，他會從朋友、廠商、研討會現場聽到新的想法及各家做法。這是好的現象，但還遠遠不夠。

所謂「讀書」，**重點在於能夠有系統、有步驟地，吸收「知識」**。所謂

「知識」，通常是一種有結構、有體系的學習。你可以回想一下，小時候在學校學數學，你一開始學加減乘除，接著學函數運用，後來學微積分計算。前一個知識能力的累積，是造就下一層次知識的基礎。知識本身有堆疊效果。讀書是堆疊能力的一種過程，這是只跟廠商、朋友交談，參加研討會了解新知，這種比較片狀的學習有所不同。

我們發現，當企業主有閱讀的能力和習慣時，對新觀念的接受度也高，也在遇到困難時擁有解決問題的能力。我在科學園區看到許多相當成功的例子。這些總經理，書籍滿屋，甚至自己定期帶領讀書會，積極進行企業參訪，不斷提供一級主管吸收新知的能量，也間接提供了公司充沛的活力和變革的底氣。

五、領導者單兵作戰，缺乏穩定的軍師團隊

變革要成功，不能只有企業主一個人喊「燒」，他們身邊需要有軍師或團隊一起並肩作戰。

既然稱「軍師」，就代表這是一位可以和企業主討論的人，所以**層級不能低，資歷不能淺，要能熟悉產業、熟悉公司運作模式，更重要的是——對員工有一定程度的了解。**如果是上述這些條件，你會發現一級主管（One-down）是最佳人選。這是因為這群人原本就和企業主有高度互動，也了解老闆的大作戰視野，能夠有他們在身邊一起討論，就不會讓變革這件事離民心太遠，進而避免讓變革有關的決策過於粗魯或武斷。

這群團隊成員必須穩定，不能有大變動。只要成員異動過大，會讓員工開始揣測，認為連自己的主管都撐不下去，覆巢之下無完卵，未來就會危害

到自己的工作。當員工缺乏對職位的安全感，就容易對變革產生負面評價。企業主要留意因為關鍵主管異動所帶來的漣漪效應。

企業主也必須忍受這群軍師團隊直率的發言。當軍師團隊提出想法或見解，企業主必須予以敬重，了解發言背後的意義，切忌情緒反應或情緒發言，否則「建言」變成「諫言」，軍師團隊的積極意義就容易開始變質。

我們在台中輔導某一家企業時，有一位跟在老闆身邊已經 27 年的主管，她在每次的會議裡，都是擔任放炮的角色，說話直接，毫不掩飾，而且針針見血。該企業老闆都摸摸鼻子，一字一句的接受。老闆笑稱她是「鯰魚員工」，是一位讓老闆及其他主管意識到需要改變的重要人物。

穩定的軍師團隊提供的另一個好處是：這群一階主管和企業主會形成「生命共同體」，也就是變革的成功或失敗也和他們息息相關；因此，一級主管會對此計畫產生更高的認同，更容易做出更高的承諾，為企業的變革之路帶來更健康的體質。

六、二代接班其實擁有絕佳的變革武器

家族企業的接班人有著創辦人的支持，策動變革的底氣十分充足，對於變革有新想法，因此只要第一代放手，第二代接班人可以順勢進行變革。這群年輕的接班人，有的從小在父執輩的培養下從基層做起，有的父母刻意培養在國外念書後返鄉，有的自己在外面創業或上班後自願分勞……不論故事如何，都是被指定的接班人。他們帶著和創辦人完全不同的資歷與歷練，與現有市場和世界接軌，沒有為了生存而不得不的犧牲，更容易放手做對的事。

我觀察到的是，通常這群二代精力旺盛，對沒有產值的員工忍耐度低，束縛較少。再加上企業二代間人際聯繫強，可互通有無，在人際網相對安全及家族的首肯下，與國外企業的經驗相比，這些二代接班人反而比較容易殺出一條血路。

七、不要等公司狀況不好，已經賠錢了，才想要變革

什麼時候適合變革？我的答案是——公司正賺錢的時候。當公司正賺錢的時候，比較不容易為了生存犧牲理想。同時，公司狀況正好，員工的心理素質也高，員工安全感也足，要求他們改變，同時也是一種榮譽感的表現，員工比較容易服從，也願意有耐心地配合變動。

進行變革也暗示，企業主必須在居安的時候就得思危。當公司訂單滿滿時，就要去思考如何維持榮景，讓此般好景繼續延續下去。因此，另外創造一條新的成長曲線，不讓成長高原期往下掉，變革產生第二成功曲線正是企業長青的關鍵。

八、變革未竟，肇因於公司上下沒有協作及共同語言

通常，變革會需要工具、系統、技術做支撐。就如於 2020 年甫過世的前奇異公司執行長傑克・威爾許（Jack Welch）即推動「6 個標準差」，透過設定等級及離差來校正及定義人才與技術。2020 年回鍋的英特爾（Intel）CEO 派崔克・基辛格（Patrick P. Gelsinger），也暗示重啟對技術的重視，以此拯救幾乎無法止瀉的股價表現。

要讓變革成功，重點就是要把工具、系統、技術變成員工「新的例行」。

就如同魯溫博士所提醒的，變革的最後一個階段是「再結凍」。變革的主事者必須帶頭，自己要使用新的工具表格，以新的表格開會，以新的表格和各部門溝通，以新的表格要求員工。當員工發現老闆自己也在用表格及工具，領導者親自丟出的風向球，員工自然會感知並慢慢地調整，好讓工作日常跟上新的步調。

而這個表格就必須適用於上、下每個層級，適用在不同工作屬性的部門之間。不論表格是何種形式，有彈性地、即時地、公開地讓資訊透明，就成為變革成功的關鍵。

第一最忌諱的是，公司高層用一種表格，中、基層經理人用另一種表格，硬生生截斷了垂直溝通所需要的環環相扣。

第二忌諱的是，技術部門、營業部門、行銷單位等各自用自己的表格，各自用自己的術語，結果築高了跨部門溝通的牆，讓變革的語言難以跨越，切斷了橫向串聯的可能性。

九、變革的成功來自企業內不斷自我修正的能力

為什麼公司或個人需要改變，當然是希望追求更好，也希望能應付市場的要求。「改變」意味著對未來的不確定，所以如何在變革路上走得穩健，團隊有自我學習及修正能力，是變革成功關鍵要素。

因此中小企業主必須思考，推廣變革究竟是在某部門先試作？或是一次推行到全公司全面到位？

我的建議是，先試做。

先試做，讓變革在某個可控制範圍內看到作用，以確認需要修正之處，是個可讓風險降低的做法。接下來你應該要思考「哪個部門先試行？」我建議以下 4 個選項：

第一，**對於變革接受度高的內勤單位**。例如 HR 人力資源部門。

　　HR 部門通常是公司核心理念的宣揚者，以此也跟著市場及人才狀況而脈動，當然也是智庫及想法的中心，因此 HR 單位內先試行，對某些疑問先得到解惑，並因此設想推廣到全公司後可能遇到的問題，而預先準備，這是最為恰當的做法。

第二，**在公司內相較比較獨立的 BU 單位**。例如（網路）創新事業部門。

　　此種部門是為變動而生，為適應變動而活。因此部門成員有個特色：只要看到變革工具有效果，即使是一點點效果，經過客觀評估後，採納的速度是快的，情緒成分是少的。成員習慣以邏輯思考，以辯論來決定是否採納，而變革工具提供不斷修正的辯述能力，非常適合該部門特色及所需。

第三，**需要投入成本 / 產出效益極大化的單位**。例如採購部門、招商部門、業務單位等。

　　這是立刻檢查變革工具是否有效的最快方法。最高主管及所有幹部，仔細地追蹤績效，等於把變革的細微動作做放大鏡式的關注，公審可能出現的問題，以確定此種變革工具與公司效益產生掛鉤。

第四，**對表格工具領悟最貫徹的主管先採用**。

　　歸納我的輔導經驗，變革管理開始啟動後，會有 1 到 2 位主管買

單，他們是變革過程的「早期採用者」*（early adopters）。這些早期採用者，對新事物有熱衷，他們不看過程的辛苦，只要預見這個改變可以帶來期待的結果，就會使用各種方法使命必達。這種近幾「研究」的精神，是在輔導過程中最期待、也最興奮的。這些經理人在取得公司的允許後，自己推廣、自己尋找問題，並且對外尋求各種可能解法。通常經過 6 個月之後就可以帶來效果，進而成為公司人氣可用的變革推廣團隊。

本章裡，總結了變革的三個管理學理論，包括「魯溫的 3 階段變革模式」、「科特的變革 8 法」、「彼得‧聖吉的 U 型理論」，以及推動 OGSM 過程中我們觀察到的業界狀況。「溝通」是變革成功的關鍵，「溝通工具」可墊高變革成功的機率。更甚者，透過一頁表格承接最高階主管，一直貫穿到基層、每個員工之間，這將可讓變革的主事者心穩，更能氣定神閒地往變革的方向走去。

---

*　引用自埃弗雷特‧羅吉斯（Everett M. Rogers）的創新擴散理論（Diffusion of Innovations Theory）。

(O)bjectives

(G)oals

(S)trategies

(M)easures

第2章

OGSM一頁計畫表

目標管理經常被描述為達成溝通一致的管理方法。

——彼得・杜拉克（Peter F. Drucker）

Objective「最終目的」，
讓你以價值引領跟隨者，而
往那美好的夢想前進！

2-1 | 什麼是OGSM？

OGSM，我稱它為「一頁計畫表」。為什麼是「一頁」？因為希望在有限的溝通版面下，策略性地揀選可完成公司願景的目標，放入這一頁表格中，並讓團隊專注在討論有策略貢獻的工作計畫。「一頁」代表須針對最重要、或者有價值的事，以表格的形式，有次序地、有結構地讓計畫依當初的規畫前進。

「一頁」也昭示著當在開會或跨部門溝通時，僅報告需要其他部門留意或幫忙的事情。例行事務、或已有 SOP 的工作事項，就不用特別納進來，**例行事務例行做，假設員工會力行原本就應該做的工作。如此便不需要在會議中特別提出，因為我們希望會議不是員工流水帳式的報告。**

在「一頁」的版面限制下，OGSM 恰恰在快速變動市場中，讓組織發揮敏捷反應的能力。主管界定了工作方向，員工則在了解主管的方向中，提出創意和新解法，上與下共同確定需執行的計畫。**主管與部屬之間透過一張表格「共事」，因此產生「共識」**，彼此也知道進度和狀況。整個團隊就像一艘往前疾駛的船，有人掌舵、有人搖槳、有人吆喝，各自分工，各自信任，最終排除困難，抵達目的地。

我長期在流通產業工作，也習慣與跨時區、跨文化、跨語言夥伴共事，協力合作去面對變動，透過簡易表格，討論、修正、提出新方案，已經是工作常態。而這個工作常態，只需要一張 OGSM 表格就可立即上手。

OGSM表格

表 2-1：OGSM 原始表格

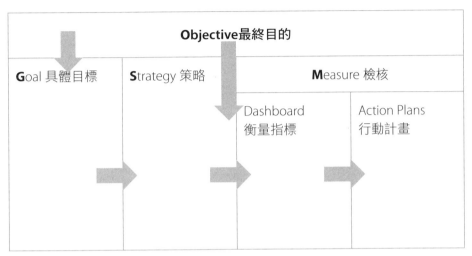

Objective最終目的

Goal 具體目標	**S**trategy 策略	**M**easure 檢核	
		Dashboard 衡量指標	Action Plans 行動計畫

免費下載此表，請見附錄

你可以看到，OGSM 表格中一共有 4 個粗體字母，也代表著 4 個欄位：

- **Objective 最終目的**：固定置放在表格最上方，它是 OGSM 表格的精神，引領團隊往前行。
- **Goal 具體目標**：承接 Objective 的關鍵字而展開。其中含有數字、日期等內容，表現具體要達到的目標。
- **Strategy 策略**：承接具體目標，顯示出達標的方法。策略的選擇根據企業定位而定。
- **Measure 檢核**：確定徹底使用選取的策略資源，是執行力的展現。有兩個子項目：衡量指標、行動計畫。

表 2-2：OGSM 範例──傳統服飾製造業

Objective 最終目的：
透過創新，挹注傳產事業年輕**新能量**，打造**專業人才團隊**，以在**原料**、設計、市場的**先驅**性眼光，引領品牌客戶技術先行，成為客戶倚重，員工安心的永續企業

Goal 具體目標	**S**trategy 策略	**M**easure 檢核	
		Dashboard 衡量指標	Action **P**lans 行動計畫
（關鍵字：專業人才團隊） G1：2022 年 1 月 1 日到 2022 年 12 月 31 日，建立潛力人才庫，辨識 A 級人才數較去年同期 30 人，成長 33.33%，到 40 人	S1-1：透過 KSAOs 盤點以此辨識 A 級人才	D1-1-1：02/15 完成製作 KSAOs 線上課程資料	<u>HR/Annie 負責</u> 01/15 確認 KSAOs 各單位定義 01/16-02/10 製作 KSAOs 劇本及錄製流程 02/15 確認錄製人選
		D1-1-2：02/25-03/15 錄製 KSAOs 線上課程（TA：經理人）	<u>工程部 /Brian 負責</u> 02/25-02/28 錄製線上課程 02/25 線上觀看連結確認 03/01-03/10 影片後製 03/03-03/12 字幕後製
		D1-1-3：03/15-04/10 蒐集各事業單位經理對部屬的 KSAOs 表單	<u>HR/Annie 負責</u> 03/16-03/31 經理完成 20 小時 KSAOs 線上課程 04/01 提供 KSAOs 表單（附示範說明） 04/01-04/10 紙本印出蒐集完成 04/10 檔案建檔完成
		D1-1-4：4/25 前簽核 A 級人才名單（董事長） （A 級人才分數 80 分以上者至少 100 人）	<u>HR/Annie 負責</u> 04/12 確認 A 級人才標準（90 分以上） 04/13-04/15 向各經理確認 90 分以上名單 04/15 完成簽呈文字 04/19 經理完成簽核 04/25 董事長完成簽核（祕書處 /Claire）

		D1-1-5：04/30 確認潛力人才 IDP 計畫	HR/Annie 負責 04/16-4/28 各經理提報 A 級人才 IDP 04/28 預算認列（財務部 /Helen） 04/30 董事長簽核專案預算（祕書處 /Claire）
		D1-1-6：05/01-08/31 潛力人才 IDP 計畫執行完成	HR/Annie 負責 05/31、06/30、07/31 確認 IDP 資料及執行狀況 08/01—08/31 訪談 A 級人才蒐集回饋意見
	S1-2：透過獎勵方案	D1-2-1：05/01-06/30 蒐集業界人才獎勵方案	HR/Flora
		D1-2-2：07/31 確認 A 級人才 IDP 執行及結果呈現獎勵名單（至少 20 人）	HR/Annie
		D1-2-3：08/01 公告獎勵方案回饋獎勵方案執行狀況	HR/Flora
（關鍵字：新能量）G2：2022 年 3 月起，每季至少完成 3 項既有機台的創新應用	S2-1：透過整合客戶提出的問題點	／／	／／
	S2-2：透過智慧軟硬體平台架構	／／	／／
	S2-3：透過外部顧問團隊	／／	／／
（關鍵字：先驅、原料）G3：2022 年 6 月 1 日開發可符合歐盟標準的再生原料	S3：透過根據各機種的原料耗能分析表	／／	／／

免費下載此表，請見附錄

表 2-1 稱為「原始表格」是因為可根據想法和需求，自行增減欄位。只要掌握 OGSM 的邏輯，要如何更改，甚至和現有表格合併，我覺得都非常適合。唯一要提醒──「Objective 最終目的」要置放在最上面，因為它是整個表格的精神，引領自己和團隊往所設定的方向而去。

表 2-2 是一個 OGSM 的虛擬案例，Goal 1 是人力資源單位（HR）資深經理，針對年度 HR 的人才計畫，認領公司最終目的「專業人才團隊」這個關鍵字所撰寫的內容。你可以從中一窺 OGSM 的運用方式。

依上表 2-2，你可以看到：

- **Objective 最終目的**：針對該企業在中長期的企業價值，對內部員工和外部客戶所撰寫的 O，讓員工了解公司在未來（3 年）重要的走向。
- **Goal 具體目標**：認領 O 的關鍵字而成，提出重要的時間區段內須完成的任務。由於這是份年度計畫，你可從中看出這家企業擁有國際客戶，並且需要針對某些區域的法令需求推出高標準的再生原料，由於此原料還得為原機器使用，而且維持產品的韌度和強度，因此，原機台的創新也成為該年度的關鍵能力。
- **Strategy 策略**：提出為了達成目標的執行想法。可以看到在 Goal 1 中，HR 單位計畫以 KSAOs 這個常見的員工與工作適配表格，透過分數區分出專業（A 級）人才。
- **Measure 檢核**：其用意就在說明，HR 這個主事單位如何能確定 KSAOs 真的能夠揀選出對的、公司需要的 A 級人才？看起來他們透過執行的過程（日期指標）以及預期的 80% 以上人數應該可達

到 100 位（績效指標），用來檢查是否可以在 12/31 擁有 40 位 A 級人才。

從這張 OGSM 表格可以看出異於其他工具表格（如 PDCA、OKR 等）之處，OGSM 的獨特就在於「策略思維」，這展現在「Objective 最終目的」及關鍵字的選擇。它代表了該年度整個計畫的精神，讓企業的最高領導者想法得以被具體化。

OGSM 著重執行力，有別於 KPI 是落後指標，OGSM 著重執行，它每日、每週、每月都在堆疊績效，因此績效指標──亦稱「前進指標」會讓你得以事先檢驗，以預測最終結果，接著反應變動。

OGSM 讓上下可以承接工作，透過團隊成員專業，以數字表述，予以落地執行。讓領導者的理念不只是喊口號，不只是掛在牆上的標語，而是真的寫成文字、做成表格，付諸行動，力求績效展現。

OGSM 是一張團隊協作的表格，讓所有人的工作內容公開、即時、而且可相互補位；當領導者有一張 OGSM 的作戰地圖時，才能夠統御大軍，擁有即時回應市場的能力！

OGSM 的核心觀念：MBO 目標管理

「OGSM 一頁計畫表」有個重要的管理學概念引領著，那就是 MBO（Management by Objectives），中文翻譯為「目標管理」。

> **MBO**
>
> MBO 觀念最早由艾爾弗雷德‧史隆（Alfred Pritchard Sloan, Jr）在 1920 年代提出。學機械工程的史隆先生，原本是福特汽車公司軸承的外包商，後來他的公司和聯合汽車合併，成立了現在廣為人知的通用汽車（General Motors）。史隆先生培養經理人不餘遺力，因此和母校麻省理工學院（MIT）合作，在 1952 年成立史隆管理學院（Sloan School of Management），絕無懸念的，史隆管理學院迄今已是全世界商學院翹楚。

MBO 於 1930 年代開始在學界被討論，並進行深刻研究。根據管理大師彼得‧杜拉克在 1976 年的報告中指出，哥倫比亞大學（Columbia University）伊頓市政科學與行政學教授，同時也是政治學家路德‧古立克（Luther Halsey Gulick），是最早將 MBO 拿來研究美國醫院、郵局等公部門的學者。

古立克博士認為[4]，這些公部門如果要做好為民服務的工作，就必須將該部門能為人民所帶來的價值和功能，講得清楚而且說得明白，以此取得民眾的信任。彼得‧杜拉克以醫院為例[5]，他認為不能只說醫院存在的價值是為了：給予人民「健康照護（health care）」。這些如願景般的描述，還必須要有其他說明，要讓人民知道這間醫院打算如何做到健康照護？要做到什麼樣的健康照護？預防性健康和癒後照護的關係是什麼？這種價值的描述，必須讓讀者和這家醫院有對話，和民眾才有溝通的可能。

因此，**MBO 有個重要的前提——當企業的價值有被實踐的可能性時，這家企業才有在市場存在的必要性。**

這個觀念影響彼得‧杜拉克甚鉅。他的理論因此建立在古立克博士想法之上，並延伸到商業界。杜拉克先生認為所謂的目標管理，有一個元素最為重要：目標管理所帶來的價值成就（attainment）。意指，不論是一個企業、一個單位，或個人都必須思考——**我們存在的理由，我們能夠提出的貢獻**。因此，MBO 非常鼓勵每個人在市場數字或個人績效指標 KPI 之外，還要不斷去思考這個複雜、多層次問題的答案。透過內心對話，不斷尋找、不斷反思，而這段過程，也是每一位優秀經理人必須具備的管理者的實踐。

彼得‧杜拉克的「管理起源於創造價值」這個觀念，跳脫以往認為「管理就是走 SOP，走硬梆梆的流程管理」，將管理一舉推向「具知識性，更具哲學性，賦權予員工的思維發展」，所以許多學者和業界人士，尊稱杜拉克先生為「商業中的思想家（a thinker of business）」。

2-2 | 個別介紹 O、G、S、M

OGSM 的核心概念是 MBO，而 OGSM 的第一個英文字母是：Objective 最終目的，也是取自 MBO 的第 3 個英文字（Objective），有著濃厚向其致敬的意味。它是「OGSM 一頁計畫表」的第一步，也是這張表格的精神所在。**首先介紹 OGSM 的第一個元素：最終目的。**

Objective 最終目的

> **Objective 最終目的**
> 是一種文字描述，說明企業、單位、個人存在的價值。指引經理人或所有工作者，在中、長期工作上決策及執行的方向。

這段描述中，重要的關鍵字是「價值」，「價值」就是「你的工作是否產生用處」，且難以被取代。

站在公司角度思考： 公司的價值意味著對目標客戶提供有效率、有效能，而且難以被取代的服務。例如，某企業是一個提供烘培原物料的食品業者，其目標客戶是麵包坊的師傅或業者，企業會提供來自日本無麩質、高品質的烘培原物料，而這項服務是客戶在現有的市場裡找不到的，因此該企業得以展現無法取代的價值。

以員工角度出發： 個人的價值意味著為服務對象提供快速、高品質，而且無法取代的功能。而服務對象不僅包括了公司「內部」的同仁，還包括公司「外部」的客戶。例如，一位在國際級企業服務的採購人員，其目標客戶是國際級供應商的業者，此員工的價值可能來自於根據報表數字及過往經驗，發現國際海運的異常推測可能導致的延宕，進而準備預防方案。這名員工就不只是來自完成訂單、追訂單那麼簡單，其展現出來的專業判斷及溝通方式，讓公司在現有的人力市場中，找不到足以匹敵的替代者，他因此產生了無可取代的獨特價值。

透過上面的例子，你會發現，我們為什麼不用「願景（vision）」這個

字。因為很多人把「願景」當做公司的口號和標語，似乎和自己沒有關係。「願景」一詞讓員工誤解為專屬董事長或總經理的事。在 OGSM 裡，我們希望每個主管、每個員工對工作有承諾，願意投入心力，因此我們使用比較中性的詞彙，以「Objective 最終目的」一次涵括較多的用法，而非使用「願景」一詞。

為此「Objective 最終目的」有以下 3 個重要的元素：

第一，**要有對話對象**：必須描述出被服務的人，或者該企業目標受眾（Target Audience，TA）的樣貌，樣貌愈清晰，細節愈多愈好。腦中想像有這樣的人，開始試著跟「他」對話。

第二，**要有畫面感**：撰寫 O 的時候，要讓文字有畫面感、有細節、有想像。畫面感讓人在腦中建構出「圖像」，展現未來成功的樣貌，讓人感受到激勵，興奮於未來可能發生的事。

第三，**要有獨特性**：O 的內容必須讓人覺得與眾不同，有難以取代的價值，這樣的獨特性容易讓看的人覺得自己的選擇獨特、出眾，進而對該工作和提供的產品與服務有著高度的認同感。

例：結合 IoT* 創新科技，接軌家電智能，成為每家每戶信賴的生活小幫手。

---

* 編按：IoT 指的是物聯網（Internet of Things），包含各種物體、裝置，可藉由連上網路，進行各種偵測、識別、控制、服務。

Goal 具體目標

> **Goal 具體目標**
> 內含數字或日期。是在一個領域中，短時間內想要達到的目的
> 地。具體目標可以指引團隊，並以此分配和使用有限資源。

毫無懸念的，這裡最重要的關鍵字是「具體」。

什麼是具體？首先請牢記，只要是「數字」、「日期」等，可以度量進度，評量績效達成狀態的，都符合「具體」的概念。

為什麼需要「具體」？和目標有什麼關係呢？

簡單來講，具體指的是有單位的數字。例如：3 天、5kg、10 個人、60%。因為有數字、有單位，可以被衡量，因此「具體」協助員工了解離設定的目標有多遠，以及協助員工檢查是否已經在進度內。如果在進度內，就代表員工可以依計畫前進；如果數字顯示落後，就代表要趕緊了解問題所在，重新蒐集和分配資源，好讓現狀回到預定的計畫之內。

有了具體化的概念後，接著要留意數字或日期的「合理性」。

很多人對於究竟設定什麼樣的數字才合理，其實一直都很困擾。我的建議是：首先必須思考是根據什麼資料提出這個數字。**請找出一個「基準點」**，讓你可以和別人討論，以便確認目標的合理性。例如，你觀察到整個市場成長率平均為 10%，你提出今年公司成長率可微幅高於市場，計畫為 12% 成長，我們就會認為這樣的百分比「合理」。

再例如，你觀察到去年少女風服飾全球賣出 20 萬件，因此你預測今年的同款服飾必須備料 22 萬件，這將會為公司帶來 10% 成長，這樣討論一番下來，主管也會認同你的論點「合理」，至少接下來雙方可從這些推測進行有根據的討論。

以上兩個例子也在告訴你，**請不要過度依賴經驗值喊數字**。若已經當到一名主管，卻事事仰賴直覺產生預測數字，這樣的思考邏輯將會被部屬質疑，這也將損及主管的領導力，團隊也會懷疑目標的合理性，進一步減少團隊達標的動力。

「Goal 具體目標」的產生，是承接「最終目的」關鍵字的結果。

「具體」的另一個關鍵意義在於，我們會根據抽象的「最終目的」的關鍵字，**往下展開可具體「實踐」的目標**。這時候就需要思考關鍵字的執行面。你必須拆解關鍵字的構面，並以此展開具體目標。後續會在第 6 章詳細描述拆解的思路。

範例：具體目標的寫法

在 2022 年 1 月 1 日至 8 月 31 日期間，透過建立 24 小時客服平台，使 9 月 1 日起，人工電話客服量從每月平均 400 通降到 320 通，共減少 20%。

Strategy 策略

> 策略就是進行一連串不同的活動，創造出獨特價值的企業定
> 位，並在此創造價值的過程中，提供指導的方向。

——麥可・波特（Michael Porter）

談「Strategy 策略」，請首先記住一個觀念：**策略 = 資源。**

為什麼策略就是資源呢？因為策略代表要執行許多的計畫，而這些計畫實踐商業模式，創造企業難以取代的價值（例如西南航空公司不拖運旅客行李，以此降低成本，展現廉價航空的優勢）。由於計畫的實踐會牽扯到資源的使用，而資源是有限的，因此，資源配置就成為重要的戰術思考，並且以此呈現策略的價值。

以減重為例

舉個生活上的減重例子來說明「策略」。

假設我想要在今年 1/1-3/31 這 3 個月期間，從 60 公斤減重到 54 公斤，一共減少 10%。這表示我得開始規畫，採取某些「活動」，以便達到這個有挑戰的目標。

我開始盤點自己的資源，如果我的工作是朝九晚五，能夠撥出時間固定運動，因此我的資源就是「時間」，我可以規畫一個星期運動 3 天，每次快走一個小時，並且維持 5 公里的行走時速，以完成目標。

又如果，我的工作比較忙沒有時間運動，但手上有點存款，因此我打算運用「錢」當做資源。我打算找信得過的醫師，在今年第 1 季排定醫美計畫，只要能在 3/31 之前完成體態雕塑手術，並在此之前休養完畢，就能以醫美達成目標。

以上兩個例子顯示，策略最大的意義是──當你盤點手中資源後，你會開始進行選擇。在選擇過程中，就必須思考資源的相互排擠。上述例子裡，如果我配置預算去做醫美，同時就會排擠買一雙慢走鞋的預算。在「資源有限論」下，如何配置資源就有賴於經理人智慧。以上這段話也在暗示著：所謂的資源必須是有限的、會偏移的、會被消耗的。資源因為有策略的意涵，因此你也必須思考：「資源是否創新？」「資源的選定是否可以協助達標？」

在 OGSM 中，策略的寫法最簡單，它有個開頭語：「透過～」。

範例：策略的寫法

透過外部的協力廠商，建置客服平台網路及設備。

你可以直接先寫出：「透過～」，然後在後面寫上所選定的資源，就可以簡要地完成句子。

例 1：透過主顧客的推薦（「主顧客」是「人」的資源）

例 2：透過追加預算因應美國電動汽車市場開發（在此，預算是你選定：「錢」的資源）

例 3：透過調整開店時間減少成本開銷（在此，調整開店時間是你選定：「時間」的資源）

Measure 檢核

「Measure 檢核」要檢查什麼呢？「檢核」說明，執行者必須檢查所選定的資源是否被徹底規畫、徹底使用，發揮它的戰略功能。因此設定檢核指標，就決定了策略的正當性，當然，也決定是否最後達標。

因此，「檢核」與執行面有關，而執行面就與主管和部屬的溝通有關。

---

* S.M.A.R.T. 原則：喬治・多倫（George Doran）提出，意指 **S**pecific（精確的）、**M**easurable（可衡量的）、**A**chievable（可達成的）、**R**elevant（相關的）、**T**ime-Bound（有期限的），經理人只要遵照這 5 大原則，就能設定出具有效能、激勵、可實踐的目標。詳細內容請參考《OGSM 打造高敏捷團隊》p.78。

主管的檢核稱作「衡量指標（Dashboard）」，如同它的英文原意「儀表板」，主管的檢核動作主要是開會。透過開會、溝通，動態地透過達標過程中所設定的小指標，讓小指標如同儀表板一般，隨時顯示現狀，以此檢驗團隊是否在達成目標的路上。

評估是否達成衡量指標，你首先要檢核「時間」。以前面的例子來說，如果你是主管，就可以設定以下的衡量指標：

- 4/29 開第一次會，確定 4/30 可以拿到 5 個廠商的報價單並討論。
- 6/30 開第二次會，確定最後入圍的 2 個廠商。
- 7/31 完成議價。
- 8/15 簽約合作。

以「時間」為檢核，意味著該時間來臨時必須完成的事項。你可以想像，在會議中主管詢問進度，確定重要的時間和完成事項。如果有任何延遲可能會影響後續工作，就必須分析問題，解決問題，讓事情進度回到它原訂的時程，以確定達到最後日期的工作事項。

檢核指標還可加上「績效」檢核。

意思是，只是照著計畫走，並不代表就會引導我們達標。因此，有經驗的主管通常還會加上一些績效指標，以確定當初所設定的計畫真的有效。例如，在 9/1 開始建置 24 小時網路客服平台後，這樣的客服方式是否真的減少電話量？為了解決這個疑慮，可以在 8/15 做一次電訪，確定這個網路客服解決了 40% 客戶基本問題，並且讓白天客服人員電話量減少 160 通，以此減輕客服工作負擔，也增加顧客滿意度。

部屬的檢核稱作「行動計畫（Action Plans）」。這是很多人習慣的工作動作：把什麼時候要做什麼事依照時間序寫出來。例如：

01/10	徵求 5 家廠商
04/30	討論 5 張廠商報價單
05/03	第一次議價
07/01	確認最後入圍的 2 家廠商
07/31	第二次議價
08/15	簽約並確定網路平台建置廠商

顧名思義，「行動計畫」就是讓寫的人依照這個時程，採取行動執行出來。這些執行牽扯到員工的自我管理規畫、視執行而可能採取的改變，以及跨部門的相互支援和協作。這些細節接下來也會在第 8 章進行說明。

總的來說，「Measure 檢核」（麵包屑）的功能在告訴團隊，必須執行徹底所選定的資源，根據設定的目標確認整個團隊都在設定的達標道路上。

根據本章內容綜合以上所述，整個 OGSM 的寫法如下表 2-3：

下一章節，我將深入說明 OGSM 各個字母的使用，並針對常見問題予以解答。

表 2-3：OGSM 範例——智能家電

Objective 最終目的	朝著結合 IoT 創新科技，接軌家電智能，成為每家每戶信賴的生活小幫手		
Goal 具體目標	**S**trategy 策略	**M**easure 檢核	
		Dashboard 衡量指標	Action **P**lans 行動計畫
1月1日至12月31日，減少實體電話客服數量從每月平均400通，減少20%，到320通，並讓客戶滿意度從原本的95分提升到97分	透過和外部協力廠商合作建立24小時客服平台	（日期指標） D1：04/29 開會確定得到 5 家廠商的報價單 D2：06/30 開會確定最後入圍的 2 家廠商後。 （原則上就可確定08/15 和我方合作的平台建置外部協力廠商） （績效指標） D3：08/01-08/31 試行客服平台且客戶淨推薦值 NPS（Net Promoter Score）分數達 75% 以上水準 D4：10/01 專案正式上線	資訊部 /David 01/10 徵求 5 位廠商 04/30 討論 5 張廠商報價單 05/03 完成第一次議價 07/01 確認最後入圍2 家廠商 07/31 第二次議價 08/15 簽約並確定網路平台建置廠商 08/01 進行前測 09/1-09/30 修正並再次調整流程 11/01 第一次檢討會議 12/01 第二次檢討會議

免費下載此表，請見附錄

第3章

Objective 最終目的
──── 夢想

企業的成功來自於能為顧客創造夢想與價值。[6]

──馬克・強森（M.W. Johnson）、
克雷頓・克里斯汀生（C.M. Christensen）、
孔・翰寧（H. Kagermann）

Objective「最終目的」，
讓你以價值引領跟隨者，而
往那美好的夢想前進！

我一直覺得「夢想」這個詞有點奢侈。畢竟每天庸庸碌碌的努力過活，童年的夢想隨著工作及現實早就被磨得沒稜沒角。對我來說，夢想是給那些有餘裕的人。但是，我卻因為看到瑞典少女桑柏格（Greta Thunberg）在每週五到瑞典議會前為地球暖化問題靜坐抗議，深深為她的傻勁所感動；我也看到俄羅斯那薄弱的反對黨領袖納瓦尼（Алексе́й Анато́льевич Нава́льный）被下毒後，明知即將被捕，明知反抗無用，卻從容就義的神情而落淚。

他們真傻，不是嗎？但夢想就是充滿力量。也許這些看似傻子的行為，能讓人勾起曾經有的凌雲壯志，並且折服於這偉大的情操。也許這份悸動甚至還能召喚出一群人，跟隨之、行動之。

> Q1：我是OEM（Original Equipment Manufacturer）代工製造廠商，主要業務是為國際的服飾品牌加工，我不必做到品牌，也不會直接對到客戶，這樣還要用到「Objective最終目的」嗎？

人不一定要有餘裕，才有權利產生夢想。人不需要擁有一切，才開始預備夢想。德國哲學家尼采（Friedrich Nietzsche）曾說「人因為夢想而偉大」。偉大一詞，你我都擔當得起，只是要決定是否持續堅持曾經有的、感動自己的想法，進而產生感動人心的影響力。

而這種感動人心的想法，也可以運用在公司對外的客戶經營上面。

因為「夢想」會讓人看到希望，因為「夢想」會引發共鳴，吸引客戶，進而被你說服，產生行動最後決定購買。

沃比派克：每個人都有看見的權利

沃比・派克（Warby Parker）是美國電商跨足眼鏡快時尚的創始者，光靠眼鏡一個品項，年營業額已達新台幣 30 億元。線下的實體店面共 160 家，他主要經營美國及加拿大市場。實體店面坪效達 9 萬台幣，在美國僅次於蘋果電腦與蒂芙尼珠寶（Tiffanfy & Co.）。

沃比・派克眼鏡的創辦人布門塔（Neil Blumenthal），當年就讀華頓商學院時，在泰國自助旅行期間竟然丟了一副價值美金 700 元的眼鏡，而他的手機 iPhone 才花了他 200 元美金。這時他才赫然發現，眼鏡實在太貴了。還是學生的他，根本無力再配一副眼鏡。於是他只好瞇著眼睛勉強回國，甚至，瞇著眼睛完成下一學期學業。後來他分析眼鏡為什麼這麼貴的原因，發現，包括上游的眼鏡片物料、設計師、眼鏡片及鏡框製造、通路，每個環節的廠商，都把自己的利潤一層一層疊上去外，更重要的原因，是這些製造和設計的環節被少數幾家公司壟斷。為了打開這個封閉市場，沃比・派克繞過傳統眼鏡產業製作環節，將鏡片鏡框的設計全部內部化，轉移到企業內部自己製作。除了可掌握成本外，還可以接受消費者客製化需求。甚至，他還突破傳統銷售方式，率先在網路上販賣眼鏡，並開啟電商時尚眼鏡事業。

沃比・派克不僅打破傳統眼鏡的商業模式，他更提出令人動容的願景。他認為，「購買眼鏡應該是一個愉快、輕鬆的經驗」，而更重要的是，「只需要花費少少口袋裡的錢」。這個品牌也認為，「眼鏡」應該為每個想要閱讀的人服務，因為這世界上，包括印度及非洲等教育資源較為貧乏的地區，受限於燈光和教材的簡陋，傷害了想要閱讀的眼睛，因此，「每個人

都應該有看見的權利」。

這種獨特的「顧客價值主張（Customer Value Proposition，CVP）」，就是透過構築理想，找到連客戶都沒想到的獨特點，告訴客戶「為什麼我們要這麼做」，告訴客戶成功時的樣貌，在這個美麗的境界裡有他以及他愉快的感受。

此種理想境界的陳述是企業家的哲學想法，是工作者的內心對話，這樣的想法和對話以文字或其他方式陳述後，讓聽或看的人感動、被召喚，因此被吸引，產生認同，進而買單。

提出動人的價值和理念並非是 B2C 企業才有，也可以是供應鏈上的 OEM、ODM、原物料供應商，或者是科技製造、營建開發、機械五金廠商等高剛性企業的經營方式。

喜利得：從「工具銷售」到「工具使用」

喜利得（Hilti）的總部位於列支敦仕登（Liechtenstein），1941 年由馬丁‧喜利得（Martin Hilti）創立，主要業務為營造及建築，曾經製造過日本子彈列車及世界級城市的地下鐵工程。喜利得公司重新檢視和營建工程業者合作時發現，承包商必須以最快速度把物件整修完畢，否則無法交屋或結案，更重要的是，很多營建承包商都是靠最後整修來賺取利潤，因此，如何讓承包商客戶手邊有最新、狀況最好的工具可使用，就成為了客戶賺錢的關鍵。

喜利得從「工具的銷售」思維，轉變成「工具的使用」思維，推出全世界第一個以收月費方式，管理客戶的機具庫存租借制。只要每月繳交固定費用，喜利得就負責維修機具、升級、更新客戶倉庫，其中包括充電式錘鑽、充電切割機、充電砂輪機等工具。

已故哈佛商學院教授西奧多・萊維特（Theodore Levitt）說：「人們想買的並不是 1/4 英吋的鑽孔機，而是牆上 1/4 英吋的那個孔。」在整個思考過程中，喜利得重新站在客戶角度，想到客戶的痛點，並以創新思維提供獨特價值的服務，進而提升企業不可取代的價值。

不論是沃比派克眼鏡的一般顧客消費性市場，或是喜利得營建產業中的商業客戶，**它們的共同點都是，以客戶的角度看待自己的公司，然後思考用何種方式增加客戶的好處或解決客戶的痛處，並透過陳述理念，描述如何成就這些美好境界，讓客戶感受、共鳴，進而追隨之。**

Q2：「最終目的」聽起來很像願景，但這不是老闆的事情嗎？為什麼我也要寫「最終目的」呢？

理念能夠擁有號召力，擁有說服力。循著此想法，我們也期待不只是創業家，包括公司內每個人，上至總經理，下到基層員工，每個人在例行工作之餘都應該去思考：「我的理念是什麼？」「我的最終目的是什麼？」才能讓重複事情用心做、重新做。

上述瓦比派克眼鏡及喜利得案例都是以公司角度出發，思考對客戶的價

值和貢獻，這些企業觀點的價值描述的確比較偏向『願景』。但由於 OGSM 強調執行過程中，有方向感，需要有夢想或價值帶領，免得市場變動或不易達標時，同仁為了目標亂用方法、亂入技巧，反而使用了公司不願意見到或偏離公司想法的方法，我建議公司內部的每一位同仁都要有自己的 O。

每個人都要有小 O

無論是在哪個工作崗位，每個人都必須思考，如何在公司規定的工作上展現自己的專業，帶出自己的價值。這個價值可以是針對外部的終端客戶，也可以是針對內部的其他同事，但不論設定的對象是誰，仍然必須去反思：「究竟什麼是我工作上的獨特點？」「我可以為這家公司展現哪種無法被取代的價值？」「除了例行工作之外，我還可不可以做得更好？」「如果我想要工作做得更好，我需要進行哪些學習？」

更重要的是，**小 O 必須呼應大 O，員工接手主管的想法，接棒且不掉棒。**

這種當責的態度、主動的思維，目的就是讓員工抽離例行工作，並在大 O 的引導下發揮創意。**員工的當責態度是支撐 OGSM 執行的重要因素。**在 OGSM 中，已經假設員工會主動和主管討論目標，員工會主動尋找策略資源，員工會自己寫出行動計畫。因此如果員工保持沉默，以主管的命令馬首是瞻，或無法獨力提出工作清單，那麼經過適時輔導後，我們會建議公司在人事策略去蕪存菁，只留下有能力以 OGSM 作戰的團隊成員。

OGSM 檢驗團隊執行能力十分務實。當單位主管對團隊提不出領導

方向，當員工自己不去反思工作價值，撰寫者的淺薄思維，很容易在 OGSM 中顯現出來。這是因為 OGSM 是一張協作表格，思路到哪裡，表格填入的文字就會到哪裡。而 OGSM 的起始點就是思維，就如同《聖經》的創世紀章節。當一個主管或員工只會不斷做重複的事，或不思考這些重複的事如何發揮價值，只單憑熟悉度和經驗值將無法完全應付 OGSM。

對於一開頭就在「Objective 最終目的」項目整個空白、完全卡住的人，我的建議是，思考「我為誰提供服務？」、「我能特別為他做些什麼？」。如果想不出來，試著找一個人跟你對答，也許思路釐清後就容易寫成文字了。第 4 章，我將詳細描述 O 要怎麼寫，但請先不要馬上跳到下一章，先緩一緩，不要立刻找答案。先試著想想你「能」做什麼？你「想」做什麼？找不出答案也沒關係，去問問旁邊的同事，也許他的答案會出乎你的意料之外，也許可以從對話中找到靈感。

試著在疲累的工作中尋找自己，一旦找回初衷，你將變得更有幹勁。

請試著回答以下問題：

> 我想要帶領我自己和服務的對象，到達什麼樣的理想境界？

那個境界必須在你腦海中成形，甚至已經感受到 3 年、5 年之後成功的樣貌。更重要的是，你對這個畫面有感覺、有感動。不要把「Objective 最終目的」當口號。如果只是說說而已，從不當真，或是恆毅力不夠，老是改來改去，久而久之沒人會跟你一直玩這些文字遊戲下去。

有人對於「工作上有感動」這件事有意見。他們說，他們的工作都是一堆流程，都是 SOP。工作上最要緊的就是完成程序，不出錯、零失誤。例如生產線上的作業員、財務的帳務處理、法務的法律文件。似乎用不上「Objective 最終目的」。上述的某個部份我同意。

但我認為，即使是例行工作也能在不干擾專業情況之下，問自己「我將展現哪些不一樣的價值？」「那麼多人跟我做一樣的事，為什麼是我坐這個位置？」「若是我做得更快、更多、更好之後，我會變成什麼模樣呢？」

芬妮的故事

讓我講一個小故事解釋上述的思考歷程。

我在萊雅工作時，有一位好夥伴叫做芬妮，她是負責第一線店面和倉庫連繫的人員。芬妮負責訂貨、出貨的工作。剛到職時，芬妮就遇到 9 月份百貨週年慶預購。那時她只是一個剛報到的新人，就要面對將近 3,000 多個產品貨號，每個貨號是長達 10 幾個英文與數字組合，這工作複雜的程度任誰看了都會崩潰。

在萊雅，訂貨、出貨的程序已經老早規定好。店面人員須先填妥出貨單，公司收到傳真後（早期以傳真機回傳訂貨單），就把單子 Key-in 進總公

司電腦系統，系統連線到倉庫，倉庫人員檢貨、包裝、出貨、貨運、進百貨倉儲、上櫃台，整個流程大約需要花費 3 到 5 個工作天。

芬妮剛上任，她知道自己的現況無法應付週年慶的慌亂，為了讓 Key 單的速度變快，她花了 3 個晚上，將出貨量最大的前 100 個貨號全部背下來！這樣一來，只要收到訂貨的傳真，就可以省去查表單的時間，不用邊看邊 key in，可以搶時間馬上將貨號、數量輸入系統，讓貨早點進到店面。等到一切都更加熟練之後，芬妮還自己升級（她說是芬妮 2.0 版），不但額外多背 50 個貨號，還把能力進階到——如果出貨有狀況，馬上知道什麼時候要找誰——她手上甚至有桃園倉的最新排班表，讓她可以直搗黃龍，打電話到桃園倉庫直接點名要某個撿貨人員聽電話，立馬處理急單！

後來芬妮直升到業務部，因為她已經強大到只需要看一眼訂貨單，就可以算出這家店這個月能否達到業績目標，遇到新品上市也知道哪家店賣得動。後來只要總經理估算新品銷量，芬妮都會跟在旁邊提供意見。芬妮把平凡的事做到不俗，她自己說：「我就是人體活動訂貨系統。只要找到我，人雖然沒到，但貨一定到」。

我不清楚你的所有工作步驟，也不了解你的工作步調或習慣，但我確定一件事——只要有意願，就可以把事情做得更快、更好——。很多人可能會說：「我以前都是這樣做的」是的，你辛苦了，但並不代表你都做「對」，也不代表現在的市場和以前一樣。認為做一樣的事會有新的結果，這是不切實際的期待。日子不一樣了，親愛的，請常常用新的觀點看自己，保持自己的滾動狀態。

滾動狀態？這代表「Objective 最終目的」可以常常修改嗎？

這要取決於你如何定義「常常」。疫後新世界再加上地緣政治經濟變化，例如：美國在 2021 年 6 月針對半導體、先進電池、藥物及稀有土簽署供應鏈百日審查報告後，預期全球化商業秩序將會重整。「重整」就意味著變動。歐盟 2035 年禁止銷售汽油車以及目標 2050 年淨排放的政綱一出，也勢必引導產業的發展。

「引導」意味必須照著別人的方向被迫前進。這些都會大幅地決定未來產業的生態以及工作的型態。簡單而言，大國把重要的產業搭配政治力量，放在自己國內生產。未來想要進歐洲市場就必須符合它的高環保標準。

這些改變已經悄然進入我們的工作、生活之中，並改變你我生活習慣，只是它微量到你沒有立即感覺到變化。世界不一樣了，它超乎你我的經驗值，我們愈來愈難用以前的老腦袋，去思考新做法。21 世紀以後出生的孩子現在已經成為職場的重要支柱，我們這些上一代出生的「老屁股」需要尊重更多新意見，並以更謙虛的思維去探索更多的可能。2005 年時任蘋果（Apple）執行長賈伯斯（Steve Jobs）在美國史丹佛大學（Stanford University）畢業典禮給畢業生的名言「Stay hungry. Stay foolish.」（求知若渴，虛心若愚），清楚地點出，我們都應該在平凡無奇，甚至例行到可憎的例行事務中從中找到學習之處。

你打算如何改變？你打算怎麼做？改變的過程中，總得有個方向指引我

們。就像一艘大船在茫茫大海中，總得設定一個目的讓船往前進。目的地讓我們知道這艘船努力的終點在哪裡，只要有想法，指南針就可提供船航行的方向。

而「Objective 最終目的」就是指南針 + 目的地。

一家企業、領導者，只要知道航行的方向，當在面對變動、重整時，他就可以快速反應，排除困難。因為知道自己要做什麼，強烈的信念讓領導者的底氣足夠，更容易激勵團隊抵達彼岸；一位員工，因為知道領導者要去哪裡，他就可以根據專業及經驗，想方設法幫助領導者排除困難、達成目標。一旦全公司上下都在「Objective 最終目的」的指引，知道要去的理想境界，當主管的想法能夠順利接棒給員工時，自然不掉棒。

因此，「Objective 最終目的」不建議常常改。因為那是前進的方向，引導全公司上下往前行。如果 O 常常改動，每 3 個月一改，每 6 個月大修，員工一下子往東，一下子往西，造成主管思維跳躍，組織經常變革，在如此劇烈的擺尾效應下，員工疲於奔命、忙於應付，這對組織來說非常致命。

在市場變動劇烈的環境之下，我們建議 O 維持 3 年不要改動，比較合理。

Q5：我可以跳過O直接寫GSM嗎?

言盡於此，有人最後問：「我真的寫不出 O，該怎麼辦？我可以跳過 O，乾脆採取 PDCA 或 OKR 模式直接設目標，會怎麼樣嗎？」

工具各有巧妙，我尊重你的選擇。我再度強調，OGSM 的起源來自 MBO（目標管理），它和上述的工具管理系出同源，並沒有違和之處。如果你覺得公司的管理只需要有 SOP、有管理條文，員工只要照著規章表格行事，目前的團隊狀況和作業方式也都可以應付未來 3 到 5 年的市場變化，那麼我並沒有要打擾你的平靜，你絕對可以繼續使用原本的工具。

但是 OGSM 特別適合變動的市場下，需要彈性反應市場、提出創新思維、公司內跨部門協作使用，為什麼？因為有**「Objective 最終目的」提供方向，並且充分授權讓員工找出方法。**

全世界包括荷蘭海尼根、法國歐萊雅集團、美國寶僑家品、美國可口可樂、日本本田都是處在快速變動環境的企業，他們以 OGSM 一張表格、以「最終目的」引領企業方向，帶領員工思維在市場中屹立不墜。OGSM 為什麼師出 MBO 但又有獨特之處？

是因為相較於其他工具，OGSM 加入了領導者的思維，納入了願景領導的概念，並要求公司上下全員朝著一致的理念前進。領導者提出大 O，部屬提出小 O，大家要跟上，列隊往前進。

當然，如果您覺得 OGSM 的確有其適用性，但在撰寫 O 時卡住，當然可以有些彈性。因為許多經理人還是習慣執行面，因此只要觸及具體目標或行動方案，靈感就會源源不決，但就是不習慣寫願景或最終目的。這時為了不一開始就卡住，當然可以先寫完 GSM 部分，再從已經寫完的文字，揣摩出 O 的文字。

Q6：我們公司很小，才10幾個人，而且是新創團隊，我們需要用到這種大工具，還要花時間想O嗎？

有人質疑，OGSM 似乎應該屬於大公司，大集團，而非中小企業業者使用。

其實這是錯誤的。OGSM 的表格適用性高，只要知道其中的**邏輯**就可適用在各種規模企業的運用。所以重點不在於大小，重點在於「想法」。那個想法可以被溝通、被實踐，並且對公司未來的樣貌充滿想像畫面，而且那個畫面會讓人感動。

因此 OGSM 在商周 CEO 學院變革管理課程中，超過 500 位企業的創辦人、總經理、總裁試用、適用、使用 OGSM，並在業績數字、庫存控管、人員流動率上有很好的成果。我可以這麼說，**撰寫 OGSM 的重點在於想法，不在於企業規模。**

最終要提醒你的是，使用每個工具之前，都必須自己實際操作用過一次後才知道如何使巧勁。接下來請跟著我，我將會一步步帶著你完成 OGSM 的創世紀篇：「Objective 最終目的」。

表 3-1：第 3 章 Q&A 重點整理

序	Question	Answer
Q1	我是 OEM 代工製造廠商，主要業務是為國際的服飾品牌加工，我不必做到品牌，也不會直接對到顧客，這樣還要用到「Objective 最終目的」嗎？	我們期待在產業價值鏈上的每個企業，都能發展 O
Q2	「Objective 最終目的」聽起來很像願景，但這不是老闆的事情嗎？為什麼我也要寫「最終目的」呢？	我們當然更期待企業中的每個人，也發展自己的 O
Q3	我的工作內容很制式化，每天都依照相同的 SOP 做事，這樣我還需要寫「Objective 最終目的」嗎？	我們期待在不干擾專業及工作流程下去思考，是否能做得更快、更多、更好
Q4	「Objective 最終目的」可以常常修改嗎？	不建議常常改，建議維持 3 年最工整
Q5	我可以跳過 O 直接寫 GSM 嗎？	不希望你一開始就卡住，因此可以先寫完 GSM，再揣摩出 O 的文字
Q6	我們公司很小，才 10 幾個人，而且是新創團隊，我們需要用到這種大工具，還要花時間想 O 嗎？	只要了解其中的邏輯，可適用在各種規模企業

第4章

Objective 最終目的
——尋找獨特價值

顧客價值是被每個顧客認為獨特的，
此一價值乃根據當下情境或狀況而定，
和顧客相關，並且也是動態的。[7]

——布洛克・史密斯（J.B.Smith）&
馬克・高捷特（M. Colgate）

「Objective 最終目的」，
給自己和團隊一個獨特的畫
面感，這個美好的價值圖像
在腦海中逐漸成形，從模糊
到立體，終能激勵人心，引
導大家前行。

「Objective 最終目的」帶有長遠的指導意味，領導者要審慎為之。因為一旦 O 確定了，短時間內盡可能就不要有太大的改變。

撰寫「Objective 最終目的」時，需要說明你提供給服務對象的價值，因此我們期待在一個限定的範圍中，盡可能描述你服務的對象，以及你可以提供的服務（或產品）。

「Objective 最終目的」必須激發對象產生追隨的慾望，這些文字描述要帶點理想性、帶點激勵作用，這樣才能在達標的道路上激勵眾人產生創意，不斷排除非預期的困難，最終抵達目的地。

很多人聽了這些限制後，頭都昏了，突然覺得自己「中文變得很差」、「詞彙有限」，而自嘆能力不足。

Q7：O要怎麼寫？有什麼公式或方法嗎？

多年的輔導經驗確實讓我累積出撰寫 O 的公式。初學者或是不太確定 O 要怎麼動筆的夥伴，可以試著參考以下建議。在進入到「O 撰寫公式」說明之前，我也鼓勵你突破公式寫法，只要發揮創意，也會寫出更激勵人心的文字。

不過，首先第一步還是先求「寫完」再求「寫好」。以下準備開始：

步驟 1：在腦中構築出你的溝通對象

想像溝通對象的具體形象，目的是要把「Objective 最終目的」說給「誰」聽的這件事確認清楚。具體來說，**這個 O 想說給誰聽？必須想得很仔細。一般而言，溝通對象就是被我們服務的對象。**

描繪溝通對象的細節愈多，你或部屬更可以把這個畫面複製到彼此腦海中。團隊成員對腦海中的對象群像愈清晰、愈立體，就更可以確認所有人的思維都在同一頻道，如此一來，就更能確定團隊待會在寫 O 文字時都在同一個認知上，並以此判斷，O 是否發揮它引導與激勵的作用。

例如，有人提到「白領階級」。是什麼樣的白領階級？男性為主？女性為主？有家庭了嗎？上班會依賴電腦？喜歡運動健身？當腦海中的人物愈立體，代表細節愈多，就愈能確定雖然是同一個名詞，但是團隊成員們腦中呈現的畫面也都一致。這樣就能讓溝通容錯率降低，當大家想的都是同樣一群人時，就可以順著這個人物形象開始撰寫 O 的文字了。

那什麼樣的想像才具體呢？

1. 首先，確認對話對象的「基本特質」，像是性別、居住地、年齡、教育程度等等。
2. 接著，確認對話對象的「3 大生活」：
   - 2-1 工作生活：所屬產業、工作性質、職階、工作步調
   - 2-2 休閒生活：下班的活動、週末日的休閒活動
   - 2-3 家庭生活：家人組成、家庭用餐習慣、家庭活動習慣選擇（共同出外採買？週末日家庭旅遊等等）

在此特別強調，你和你的團隊在寫 O 之前，須先在腦中勾勒出對象，刻畫出具體畫面。

因此步驟 1 的重要任務是，讓你及團隊都知道這個 O 預計要向「誰」溝通，對「誰」說話。而這個目標群眾是團隊設定的，是團隊即將要服務的對象。我們打算向他提供特有的價值和專業。

步驟 1 的關鍵就是我一直強調的細節、立體感。為什麼我一直強調細節？是為了產生畫面。為什麼產生畫面如此重要？因為 O 是拿來溝通用的，是講給對方聽，寫給對方看的。當你愈知道你要向誰說話，所寫出來的 O 就愈能打動人心。

例如，我的 O 想要針對環保人士說話，在寫「Objective 最終目的」時就要針對這群熱愛地球人士寫出相關詞彙：像是「回收」、「機能」、「環境保護」、「減少瀕臨絕種」等。

例如，我的 O 想要針對晶片設計創新能力的客戶，在寫「Objective 最終目的」時，就要寫到關鍵字像是「互聯」、「客戶導向」、「客製化」等語詞。

Q8：O的對話對象只有一種嗎？

一般而言，對話對象可以分為對內、對外 2 大類。

對外：指客戶或廠商。包含 3 種類別：（1）上游供應商、（2）中游（機

械五金或法律運輸等）周邊廠商、（3）下游則包括品牌客戶（B to B）、或網路平台及通路經營者或終端消費者（B to C）。

對內：指員工，包括 2 大類：部屬，也包括其他單位的同儕。

在 O，可以同時和對外客戶及對內客戶說話，可以一次選擇兩個對話對象。例如，可以針對外部原料供應商以及內部營業單位同仁表達你的 O。我的建議是，**不論對外或對內客戶最多各別選一個就可以**，如果 O 的溝通對象太多，會讓團隊在寫 O 時討論的畫面失焦。

好了，畫面一旦確定，接下來試著簡單用「一個名詞」描述目標客戶。

> 例如：「白領上班族」
>
> 例如：「愛美的女性族群」
>
> 例如：「運動產業 OEM 廠商」

因此步驟 1 的任務就是你要帶著團隊，腦中勾勒對話對象的畫面，但最後用簡單的名詞寫出來。

步驟 2：開始寫 O，請在此寫出你的「服務範圍」

既然服務對象的描述已經躍然紙上，你和你的團隊也都同意 O 的對話對象「樣貌」，接下來請思考，如果可以跟這個對象對話，請寫下你將在哪些部分協助他。

例如：原料供應、OEM 產品代工、品牌行銷等。撰寫重點：

1. 建議不要把範圍寫得太小，因為 O 最好不要常常修改，如果一開始就把範圍寫得太小，就會缺乏彈性，反而可能限縮之後的目標和計畫，而損減 O 能啟發的創意。因此 O 留點彈性是好的。

2. O 的範圍也不能太大，無邊無際的服務範圍會讓 O 缺乏明確感。

3. 最後再次自我檢查看看，O 是不是寫得太雜亂，讓人眼花撩亂，不知道你所指稱的價值究竟是哪一個。

以下舉美妝產業為例說明：

1. 不建議 O 的範圍寫得過小，例如：在面膜產品的代工生產（限縮了品項）。

2. 留意 O 的範圍寫得過大，例如：產品的生產（不清楚合作方式）

3. 自我檢查 O 的範圍是否寫得太過雜亂，例如：產品的研發、生產、行銷、售後服務（幾乎產品從無到有全部都寫上去了）。

這家美妝品牌服務範圍的建議寫法是：「針對歐美品牌在美妝產品的研發及代工生產上。」（說明：把面膜品項放大到「美妝」；把生產限縮到「代工」；把生產匡列在「研發生產」上）

步驟 3：寫出你能提供哪些具體的服務，產生哪些「價值」？

這時你可以更清晰地寫出服務內容，但避免龐雜，請特別挑選出對對話對象有吸引力，感覺有亮點的價值。請記住，「Objective 最終目的」是用來溝通的，要站在對方的角度去思考「哪些服務可以打動他們？」

我建議使用這個動詞——「提供~」做為句子開頭。

> 例如：「提供具世界級環保標準的製程保證」

> 例如：「提供無麩質、低醣、高蛋白的製作麵包原料」

> 例如：「提供偏遠地區教師也能進行啟發式教學的教材」

步驟 4：寫出你的服務會為對話對象帶來什麼「好處」

這個好處意指，以文字陳述客戶在使用我們的服務之後，結果，而以此協助他達成目標。「好處」就是你能為他提供的「效能」，也讓對方理解我們的企圖心，以及我們有多與眾不同。

> 例如：「在保護地球議題上，擁有話語權」

> 例如：「只要有電腦協助，3 個月新手徒弟就能擁有 3 年師傅功力」

> 例如：「成為亞洲品牌入主歐洲市場的領航員」

步驟 5：寫出企業現有的「定位」以及企圖心

這是 O 的最後一句，建議以豪情壯志寫出你的想法、理想。請牢記，這是寫自己企業（單位）的定位，目的在於告訴對方「你的企圖心在哪裡」。O 是否能激勵人心，就看壓軸的這一句了！

> 例如：「我們有能力為下一代預備純粹的美麗未來」

> 例如：「成為老師傅知識轉移，年輕人技術傳承的行家」

例如：「讓客戶得以安心、依賴、信任的供應商」

上述 5 個步驟整理成以下表格，你只要由左而右念一遍，就可以輕鬆完成「Objective 最終目的」。

例如：美妝產業

服務對象	服務範圍	企業價值	企業效能	企業定位
針對歐美品牌業者	在美妝產品的研發生產	提供具世界級環保標準的製程保證	在保護地球的議題上，佔有領導地位	讓我們有能力為下一代預備好純粹與美麗的未來

無論「Objective 最終目的」寫得如何，只要每次問自己這個問題，自問自答，自行反思，讓畫面愈來愈深刻、愈來愈正確，愈看愈覺得這是你想要的畫面，那就對了！這個問題是：

> 當我們成功的時候，我們看起來像什麼樣子？

如果寫不出整句的 O 也不要太過失落，這是因為我們很少思考有關「Objective 最終目的」，以及相關問題。

我們很習慣設業績目標，很習慣設 KPI，但在忙碌之餘，很少去思考「我們服務的人是誰？」「我們可以提供什麼樣特殊的價值？」「我們為什麼要這麼做？」以及「我們要服務的對象，其具體樣貌如何？」

你無法立即下筆形成句子的原因也在於：要做的事情很多，你必須挑選出

要點、把這些要點串成句子，其實需要深思以及取捨。要馬上完成整個句子，還是需要多看、多練習。我自己的經驗是──不成句沒關係，至少先找出「關鍵字」。

要如何找到「關鍵字」呢？也許可以請團隊協助你。

願景日

我在《OGSM 打造高敏捷團隊》（p.64-65）曾說明「願景日的 8 大步驟」。「願景日」就是由公司主管召開，根據明年或下半年公司重點，把幹部帶到沒有日常事務或網路干擾的開會場地，共同討論策略或目標。

在願景日中，可以把 O 的 5 大問題列出，並邀請與會者將想到的關鍵字寫在便利貼上，請每位分享各自的便利貼答案。主管可以選擇出現頻率最多，或者最特殊的答案，最後試著把手上的便利貼串成一句話，這樣也可以透過團隊的力量一起完成 O。

Q9：O的關鍵字要選幾個呢？

你應該發現我的言下之意──找出「關鍵字」，其實就是寫出「Objective 最終目的」。

O 由關鍵字所組成。將 O 的五大問題填滿相關的關鍵字，的確就是完成 O 的方法之一。挑選關鍵字的目的也在於，每年可以針對不同的關鍵

字，往下開展具體目標和計畫。只要每年挑選的關鍵字不同，但都是在整串 O 的文字中去挑選，就可以確保 O 的整段描述在 3 年內無須改變，需要改變的只是挑選不同的關鍵字。

這時會有人問，「到底需要幾個關鍵字才能形成一個 O ？」我的答案是「沒有限制」。你可以每年挑選 1-3 個做為關鍵字，或者 1 個關鍵字執行 3 年。依照你的營運重點挑選需要投注的項目。也因為 O 是關鍵字組成，建議 **O 的整段描述，字數不要少到無法有彈性地挑選關鍵字**。這是因為，如果 O 的字數太少，年度可以選擇的重點就會變少。

例如，O 如果只有這 9 個字「成為飲料界的佼佼者」，明顯可見「飲料界」、「佼佼者」只有 2 個關鍵字可以挑選。如果 2022 年想要對準「飲料界」這個關鍵字，你會展開跟「飲料界」有關的「Goal 具體目標」。如果你 2023 年想要對準「佼佼者」，那麼你隔年就會開始展開與「佼佼者」相關的目標和計畫。接著問題來了，你的 O 只有 2 個關鍵字，結果短短 2 年就把關鍵字給用光了，當 O 開始被修改或被調整，就等於昭示新的公司方向，變動不可謂不大。

當然有夥伴會說，變動並沒有不好，有需要就改。改動 O 並非不好，只是因為 O 有指導性，常常改動 O，可能會讓團隊認同變得不穩固，團隊的達標率變差，目標執行也可能變得不徹底。

以下是曾經微調過的 O，調整後 O 就變得比較豐富了。

（原）HR 部門成為事業單位可以信賴的內部人資專業顧問。

（修正後）

⬇

HR 部門成為可供信賴的內部人資專業顧問。根據各事業部的需求，以超前布署概念，將人才與職位進行最適化配置。使同仁在溝通開放、思維開放的工作環境中，凝聚出具有績效共識的作戰團隊。

修正後的 O 關鍵字比較豐富，這樣一來，即使在環境快速且大量變動下，O 被修改的機率就會變小。可以穩定 O，讓 O 具有指導性，讓團隊能夠慢慢醞釀出 O，進而為團隊引導工作方向。

> Q10：我要如何才知道我的O寫得好或不好？而且要怎麼寫才能激勵人心？

這是一個很難回答的問題，就像問我「畢卡索和塞尚的畫哪個比較好看？」，我要請你回想一下初衷：為什麼要寫「Objective 最終目的」？

「最終目的」說明單位或個人存在的價值，以及在中長期工作上提供決策和執行的方向。它最好帶點激勵的色彩，讓人在往前行的路上，不致失去動力。

當我檢視客戶寫的「Objective 最終目的」時，我會問自己幾個問題：

我了解這是在描述什麼產業嗎？

這幾行字的獨特性在哪裡？

我覺得有趣嗎？或者覺得被激勵嗎？

如果 O 讀起來，覺得不讓人產生跟隨的激情，但也沒有大錯，我會說「這是一個平穩的 O」；如果 O 讀起來，讓人覺得有趣，甚至有點拍案叫絕，我會說「這是一個令人覺得興奮的 O」；這樣看來，O 的文字描述的確帶點形而上學的特質，需要慢慢品味。但我還是那句老話「不急，先求完整，再求完美」。

Q11：O就像海報上的標題嗎？會不會很像宣傳口號？

好幾次我解釋 O 的觀念時，學員會突然靈光一現，豁然開朗地拍手叫著：「我懂了，O 就是寫得像電視廣告的廣告詞！因為廣告詞都很激勵人心，而且都可以帶動買氣！就是這個了！要寫成廣告詞！」這位學員真的很可愛，可以見得他很努力想要理解 O。

廣告詞真的很動人也相當有趣，只是與 O 的差距頗大。主要是「Objective 最終目的」帶有任務，它的誕生是為了後續引導出 GSM。還記得前面提到的 5 大步驟嗎？描述 O 要盡可能地以文字鋪陳這 5 個問題。因為 OGSM 的創世紀篇就是從 O 的理念陳述開始，只有打動人心的文字但缺少價值的描述，會失去 O 的功能。

在第 1 章末，我提過 Objective 取代了願景這個字，目的之一就是希望不要讓部屬覺得「願景」只是屬於公司最高主管的想法，避免讓「願景」和員工有距離感。除了最高主管以外，我們還希望每個員工、每個單位主管也要有自己的 O，後者要有工作上的理念，還要感覺到自己對工作的貢獻，如此才會有工作動力。

部屬也要有「Objective 最終目的」，我稱為小 O。

小 O 要跟著大 O 的方向走，小 O 關鍵字必須在大 O 關鍵字的「字群」底下。例如，大 O 有「客製化」概念，小 O 的關鍵字也許是「訂製」、「挑選」、「量少」、「高單價」，是在「客製化」字彙群組中。

例如，大 O 有「高毛利」概念，小 O 的關鍵字也許是「智慧家電的互聯」、「隨身裝置健康資料的匯流」、「手機資訊區塊鍊化」等跟創造高毛利市場功能有關的字詞。

高毛利

智慧家電
的互聯

隨身裝置健康資料
的匯流

手機資訊
區塊鍊化

通常同產業的人得以辨認小 O 和大 O 的串流，如果不確定，就把小 O 的關鍵字往前和大 O 關鍵字連在一起，然後問：

例如，小 O 的訂製和大 O 的客製化有關連嗎？

例如，小 O 的智慧家電互聯和高毛利有關連嗎？

如果直覺答案是「YES」，就不會出大錯，可以安心寫下去囉。

表 4-1：第 4 章「Objective 最終目的」Q&A 重點整理

序	Question	Answer
Q7	O 要怎麼寫？有什麼公式或方法嗎？	透過回答 5 大問題：服務對象、服務範圍、企業價值、企業效能、企業定位，即可寫出基本的 O
Q8	O 的對話對象只有一種嗎？	建議最多選 2 個對話對象
Q9	O 的關鍵字要選幾個呢？	建議最多選 3 個
Q10	我如何知道我的 O 寫得好或不好？要怎麼寫才能激勵人心？	如果 O 讀起來，有趣、有畫面、有價值，則更接近理想 O
Q11	O 就像海報上的標題嗎？會不會很像宣傳口號？	O 的誕生是為了後續導出 GSM，但廣告宣傳則無此功能
Q12	我要如何知道我的小 O 和老闆的大 O 有關呢？	小 O 的關鍵字往前和大 O 關鍵字念一遍，即可知道大小 O 是否有關聯

第5章

Goal 具體目標
——將夢想落地

達成具有挑戰性的目標,相較於簡單的目標,
更讓人有驕傲感、證明自己的程度、感受自己
擁有更好的工作,以及有機會拿到更高的薪水 [8]

——艾德溫・洛克(Edwin A. Locke)&
蓋瑞・拉薩(Gary P. Latham)

「Goal 具體目標」引領出
團隊的執行力,透過設定具
有挑戰性的目標,努力付出
而達標,最能激發團隊潛
能,而擁有對工作完成的美
好感受。

「Goal 具體目標」能激勵人心。事實上，「目標設定」是由兩位心理學者洛克（E.A.Locke）及拉薩（G.P.Latham），在同一個教授的指導下，分別對目標設定進行實驗研究所發現的結果。此研究的前置條件是，受測者清楚地知道被要求達到的目標，並且了解目標的背後意義。

兩位學者幾乎在同一時間發現同一個結果：相較於受測者被要求「你盡量做就好」，只要目標清晰而且具體，即使人員對達標沒有完全把握，只要被要求達成目標，最後都能夠達成任務，而且在目標達成的瞬間感到無比的激動、快樂、有成就的興奮感。**學者下了個結論：只要目標設定得巧，再加上適當壓力，反而可以促使個人往前進，而且確定達標。**

基本目標公式：動詞＋名詞＋時間

經過兩位學者倡議，以及結合 1954 年彼得・杜拉克的 MBO（目標管理），最終催生了在業界普遍常用的「基本目標公式」：動詞＋名詞＋時間。原則上，只要運用這 3 元素，寫出來的目標都不會太離譜。整理 3 元素要點如下：

表 5-1：撰寫「具體目標」的基本公式

元素	說明	表達
動詞	• 為了達標，必須使用的力道 • 力道會有方向感，在此需描述 3 個方向（中的一個）力道	• 往上的力道 → 提升 • 往下的力道 → 降低 • 平行的力道 → 維持
名詞	• 力道必須作用在一個項目名稱上 • 依單位、個人的需求不同，須自選	• 營業額 • 良率 • 錯誤次數……等
時間	• 須設定在時間範圍內 • 時間範圍牽扯到時間單位 • 執行的準確度來自於設定的單位時間	• 年、季、月、週、日、時、分、秒

上述表格 3 個元素加起來，就可以出現以下基本句子用以描述目標：

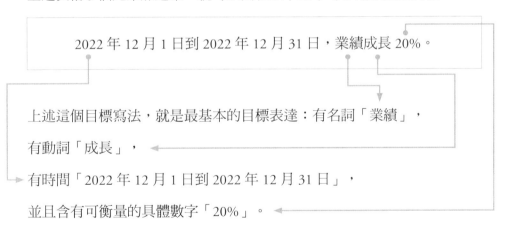

2022 年 12 月 1 日到 2022 年 12 月 31 日，業績成長 20%。

上述這個目標寫法，就是最基本的目標表達：有名詞「業績」，

有動詞「成長」，

有時間「2022 年 12 月 1 日到 2022 年 12 月 31 日」，

並且含有可衡量的具體數字「20%」。

「基本目標公式」意味著，即使根據不同層級、不同的目標設定狀況略微調整。三個基本元素仍會存在。本章後段還會再詳述，但是請刻意練習這條基本公式。

我們對優質員工的要求是：撰寫目標時必須符合這 3 個元素，以此清楚地表達具體目標，而且了解這些數字背後的涵義。

設定目標會產生激勵效果，前提是達到這 5 個元素：4C & 1F。

4C & 1F：Clarity、Complexity、Commitment、Challenge&Feedback

第 1 個 C：Clarity 清晰

Clarity 這個英文字其實非常有畫面感。想像你在山中漫步，眼前霧茫茫的一片，但隨著太陽緩緩升起，霧開始散開之後，道路兩旁的樹木變得具象且立體，這就稱為「清晰感」。

Q13：什麼叫做「具體」的目標呢？

工作中，目標的設定如果要讓看的人具有清晰感，就必須善用「數字」、「日期」等具體元素。如果還是不清楚什麼叫做「具體」，**先牢記一個觀念：只要使用有「單位」的數字，例如「1 個」、「2 天」、「3 公斤」、「4 把」等，就可以稱之為具體。**

也因此，具體目標不允許這樣的詞出現：「盡量」、「少」、「感覺」……等。例如：「我盡量做到」、「我會少吃一點」、「我感覺很棒」等等。

OGSM 要求寫出具體的「量化數字＋單位」，例如：

「多運動」→ 應該調整為：每週運動 3 次，每次 1 小時；

「盡量少吃」→ 應該調整為：每天只吃 2 餐。

Q14：如果我的工作無法用具體數字描述呢？要怎麼寫目標？

當然，有些目標的確難以用具體數字呈現。例如，很難用數字表現培訓成果，又或者很難用數字呈現服務品質。在此，我會建議，**「想方設法」找量化項目**來量化成果。以上述例子而言，我會用「課前問卷」+「課後問卷」的差異分數來呈現學習成果。又或者用 3 個月時間追蹤同事的業績表現，並且進行相關分析來觀察兩者的關聯性。

有夥伴說，有些事情真的沒辦法量化……這，我不完全同意。

舉個例子：某家世界級連鎖餐飲店用一個方式來測量「該店的工作氣氛」。神祕訪客在該門市員工打卡的地方，在早班和晚班的交界時間（約下午 3 點半），紀錄下班的員工是否說出類似「我要下班了，請問還有什麼需要我幫忙的地方？」用話語的次數，以衡量該店的工作氛圍。縱然我覺得可信度還有改善空間，但也不失相對客觀，也是可行的做法。

如果工作真的難以給出量化的數字，那就用「**時間**」來具體化目標。這種寫法有點像專案執行，目標的具體呈現是以時間來完成某工作。例如：

- 2021 年 12 月 31 日完成雙方合約簽訂
- 2022 年 3 月 31 日完成內部公文數位化

上述寫法很像 PM 的專案執行計畫，符合我們對於具體目標的最低底限要求——至少在某指定時間內將某事完成。

提醒你，目標的寫法避免「自以為是的清晰」。

在輔導 OGSM 過程中，很多主事者告訴我，「員工已經上過很多 MBO 課程，也很清楚什麼是 OKR，不用再跟員工重複提這些。」這對企業是個好消息，至少公司相信員工已經打好基本功。但等到進一步深入了解後，才發現很多（高階）主管撰寫目標時是這樣寫的，例如：

- 2021 年 Q4/E
- 2021 年 12 月
- 2022 年 W3/2
- 2022 年 10/01

有人可以告訴我，這是什麼嗎？後來我才了解，原來「2021 年 Q4/E」是指「第 4 季底（end of Q4）」。不過第 4 季底指的是 12 月 31 日嗎？我不太確定……另外，第 3 個「2022 年 W3/2」看起來幾乎是讓人摸不著頭的火星文。還需要對方解釋「這是第 3 週的第 2 天」。喔～原來是這樣，那請問是以星期日為第 1 天，還是以星期一為第 1 天開始算呢？是以工作天

來計算天數嗎？我不太確定。更有趣的是第 4 個「10/1」，請問這是 10 月 1 日還是 1 月 10 日？你可以問一下旁邊同事，結果絕對會出乎你的意料之外。

對於使用 OGSM 進行協作與管理，意圖建立具有變革能力的團隊來說，**溝通肯定是重要的關鍵**。如果有模糊之處而不能達成溝通目的，就必須修正，持續朝著無容錯的目標邁進，這樣一來才能真正做到「清晰」。

有目標比沒目標好，爛目標也比沒目標好。因為在愈少的容錯空間下，盡可能地提出可被量化的標準，才有助於展現執行力。

> Q15：目標到底要寫得多細呢？

第 2 個 C：Complexity 可分配的複雜

目標須「呈現不同層次的複雜度」。為什麼？這是因為寫目標時，寫目標和達成目標的人如果不同，就必須將目標複雜度往下展開，簡而言之，目標寫的愈細就愈容易展現執行力。

如何把目標寫得更細呢？還記得本章一開始談到「目標表達的 3 個元素」？讓我們從這 3 元素將目標「複雜度」往下展開 3 個層級（L1 →L2→ L3）

表 5-2：「具體目標」3 個層級

第一層 （L1：總經理 層級）	（動詞＋名詞＋ 時間）＋**基準點**。	2022 年 12 月 1 日到 2022 年 12 月 31 日，業績較去年同期成長 20%。 （基準點：較去年同期）
第二層 （L2：經理層 級）	（動詞＋名詞＋ 時間）＋基準點＋ **總量**	2022 年 12 月 1 日到 2022 年 12 月 31 日，業績較去年同期 5 億元到 6 億 元，成長 20%。 （＋總量：5 億元 →6 億元）
第三層 （L3：課長層 級）	（動詞＋名詞＋ 時間）＋基準點＋ 總量＋**分配**	2022 年 12 月 1 日到 2022 年 12 月 31 日，業績較去年同期 5 億到 6 億元， 成長 20%。每位業務人員個人目標為 1.2 億元，每週目標為 3 千萬元。 （＋分配：5 位業務，各承擔 1.2 億 元，每週 3 千萬元目標）

一次把 3 個層次的目標擺出來就可以更清楚發現，**組織中層級愈基層的員工，需要的數字複雜度必須更高**；意思是，總經理如果只對員工說：「我們今年要成長 20%！」員工對 20% 其實是沒有具體感覺的，他們需要你告訴他，到底具體是多少才夠稱為「成長 20%」？如果將百分比轉換成「總量」，就是整體的數字，例如「每位業務人員個人目標為 1.2 億元」。接著，再把總量目標「碎片化」，員工每個人各領一小片，更能協助員工具體到展到如何操作、如何安排時間、如何發展計畫來達到這個數字。

可以看得出來，OGSM 的目標設定非常要求員工展現能力，並且員工要

盡其所能完成領到的目標。這就牽扯到第 3 個 C 了。

第 3 個 C：Commitment 承諾

就字面來說，目標設定需要執行者許下承諾：矢志達標。想要員工承諾達到目標，需要做到一件重要的事——員工必須參與目標設定的過程。

許多的管理學者呼籲，主管在設定目標時必須將員工的想法放入決策中，這是為了提高員工對目標的承諾。員工一旦承諾了績效，容易啟動內心激勵因子，引發當責態度。除了可以提高達標機會、減少主管工作監督，更可持續點燃工作熱情。

但在實際工作中，每次目標設定都可能納入員工想法嗎？**建議一個快速且有效的方法：「讓員工自己先提數字，如果出現不同之處再由主管和部屬討論，否則就可以直接拍板定案」，將會是合宜且可行的做法。**

第一次這樣做時可能耗費大量時間，但絕對值得投資。因為讓員工自己提出目標數字，讓員工知道主管不會幫他決定目標，讓員工知道自己的薪水要自己賺。建議溝通過程中，主管可以引導員工往困難一點點的目標錨定，切忌捨不得或不忍心，也要有點耐心，讓員工自己說目標，主管堅持到最後將換來員工的高挑戰承諾。

經驗中，剛開始要員工自己設定業績目標通常都是低估。這是因為員工會擔心「今年的業績會是明年的業障」。

這時，主管要做的就是「鼓勵他、激勵他」。

運用「**內在動機**（Intrinsic motivation）」：讚美他、肯定他、認同他等；
運用「**外在動機**（Extrinsic motivation）」：提高獎金、提高抽成、公開表揚等。

這段引導是部屬和主管積極溝通的專屬時刻，是主管挑戰員工意志力，是員工展現思考力的關鍵時刻。你會發現，只要多個 15 分鐘的積極對話，將贏得人才的尊重，並且擁有他們早已預備好的能力。

關鍵就在於：有耐心並對員工充滿信心。

主管切忌又把發言權搶過去，主管自己忍不住，又是最後決定目標的人。一旦員工發現，主管無心溝通，無力引導，詢問和傾聽只是為了執行主管想法，將會引起員工反感。員工心裡會想：「有話就直說，何必拐彎抹角，浪費時間，還挖坑給我跳？」更糟糕的是，員工在缺少溝通情況下，囿於主管威權被迫接受主管給的目標，心有不甘，心有怨言，過程中缺少達標的動力，就算勉力完成，也沒有任何成就感或喜悅感。最後員工對達標的想法就是銀貨兩訖，再多的獎勵都難以激盪出對工作的熱情。

上有政策下有對策，我們看過很多員工，尤其是老員工對於公司制度、主管脾性掌握得一清二楚。一旦主管壓迫性地設定目標，部分員工會在即將達標之前，自己「踩煞車」，讓目標達成率維持在 80%-90% 之間，以此「保護」自己，避免未來可能面對過於巨大的目標壓力。他們認為，與其百分之百達標完成數字拿到獎金，結果卻給未來的自己帶來更多的麻煩，還不如只達到 8 成進度，縱然現在討一下罵，但也比挖坑、挖洞給未來的自己跳來得好。

接下來是下一個 C「Challenge 挑戰」。我認為這個 C 是目標設定當中最困難的。

Q16：目標到底要寫多高？

第 4 個 C：Challenge 挑戰

設定目標時，要設定具有挑戰性的目標。 但是問題來了，什麼是「具有挑戰性」？意思是達標機會相對渺茫，必須特別施力、使用技巧才有機會達標。

我用摘葡萄來比喻「挑戰性」。

假設目標要摘到一串葡萄。安全的目標設定是「摘下在你 1 公尺上方的普通葡萄」。這個任務對你而言輕而易舉，只需伸長右手輕輕地手指一扣即可達標。

而具有挑戰性目標是「對準 2 公尺遠的上方，看起來飽滿、令人鮮豔欲滴的葡萄」。這個任務對你而言相當具有挑戰，但要達標不無可能。必須踮起腳尖，努力伸長右手手臂，眼神專注地對準目標。經過幾次跳躍，你滿頭大汗地最終摘下那串甜美的葡萄。由於努力過，摘下葡萄的那一霎那，你開心地手舞足蹈，高聲吶喊慶祝勝利，證明自己的成就。這就是「有達成機會，但是具有挑戰性的目標」。

但這個比喻在實際工作的執行上有難度。因為很難界定「踮起腳尖」的舉

動到底是什麼意思？

要回答這個問題不容易，建議回頭看一下設定的「**基準點**」。如果你找一個業界第一名企業，以它為典範來設定目標，我們會說，這是個具有挑戰的目標設定，因為以超越第一名為目標。因此到底目標設定要有多大的挑戰性？可以根據所選的「基準點」而定義。

常用的基準點有以下幾個：

- 同一市場的前 3 名品牌
- 該市場的平均值（成長）
- 某技術的標竿業者
- 其他產業的同位性品牌
- 自己的去年同期

一旦基準點定義清楚，就等於決定了目標的參考點。與此同時，建議領導者要在「挑戰性」多著墨，目標設定太高無法完成，會讓部屬乾脆放棄達標。但目標設得太容易，也會讓部屬覺得達標太過輕而易舉，不易拉高士氣。更糟的是，一旦績效目標再拉回高點會引起部屬的抱怨，這點不可不慎。

請牢記，目標設定的終極任務，就是要讓員工「自己」承諾自己設定的目標，在努力之餘達標後開心、振奮。部屬的開心和振奮感，一定會跟主管有關。以下介紹一個 F 給大家：

1 個 F：Feedback 回饋

指的是「主管的具體回饋」。達標過程除了需要主管跟催，雙方都理解是否都在進度內，更重要的是，主管必須看到員工的努力予以具體肯定或投注資源協助員工達標。

「摸摸頭」是無效的回饋

「你好棒！」、「我就知道你可以的！」、「除了你還有誰能辦得到呀！」、「加油！」，此種摸摸頭缺乏具體及真誠的回饋，流於形式，毫無作用。身為主管必須把所看到的事實（例：2 個星期已經做到本月績效89%）當面、即時地告訴部屬。若有需要改進的地方也請一併無情緒地陳述（例：引起 1 個客訴）。

提醒主管，回饋的重點在於有理、有序，而不是讓主管一昧做好人。意思是主管的回饋不能只挑柿子軟的、挑好的說。如果員工調整得更好，也務必一併說明。

反而在達標過程中，主管什麼都不說，什麼都不回饋，覺得請員工來上班就是拿來用的，員工領薪水就是要做事的，一切等月底或忙完其他的事之後，才看看員工的表現，這樣的團隊勢必缺乏戰鬥力，也少有積極的表現。當然，如果你是一個注重「人和」的主管，覺得團隊氣氛最重要，目標排在其次，我尊重，這就不在本文討論之列了，但是想要看到成績勢必得展現管理能力，在執行管理能力的過程中進行具體管理。

OGSM 可以在「回饋」意見的環節中，順應、展現高度執行力。

建議「儘量」不要把公司年度業績目標寫在第一個。並不是說公司業績不重要，但在 OGSM 表格中，如果一開始就寫上公司年度業績，整個 Goal 和 Objective 就斷頭了。為什麼呢？

第一個理由很簡單，因為 O 和 G 就不會有邏輯上的關聯。

不論 Objective 寫什麼，都是為了協助達成業績目標，就算業績目標不寫進 OGSM 裡，團隊成員也都在朝著達成公司總業績目標前進，不是嗎？

如果直接把大 Goal 寫成「公司年度業績目標 150 億元」，顯然，O 根本無需發揮引導的功用，因為不論 O 寫什麼，追根究柢就是想達到業績。如果 O 沒有引導功能，O 和 G 兩者就沒有邏輯上的關聯。說得直接一點，何必大費周章寫「Objective 最終目的」？直接寫出業績目標，然後往下展開，這樣不是更省事？

O 是為了說明在變動環境中，企業期望創造的理想境界，展現擁有感動人心的價值，是員工不斷前進的動力，也是創新思考的來源。結果，理想的 O 引領出業績 Goal，只用業績來說明關鍵字，O 失去引導的功能，到最後「Objective 最終目的」怎麼寫、寫什麼，都不會影響「Goal 具體目標」的業績設定，這些都違反了 OGSM 的精神。

在 OGSM 表格中，上 - 下邏輯若無須貫穿，這張表格將變得沒有價值，空有結構，沒有靈魂。

第二個理由，一旦把年度業績當成目標，容易讓達標方法失去新意。

許多企業都把公司年度業績寫成大 Goal，結果後續寫出來的策略及計畫，沒有重點也缺乏方向。最常見的是，不斷地使用以前習慣的方法企圖完成新的挑戰性目標，哪裡賺錢哪裡鑽，整個公司的計畫看起來沒有主軸，缺乏整體感。只能到處打游擊，到了最後結算業績時只能祈禱自己好運，以為業績會自己跑出來。

那麼「Goal 具體目標」要寫什麼呢？

舉個例子說明，例如在通路產業中，某個品牌專門走頂級、高端、奢華。顧客是零售的終端顧客，業績目標是 150 億元，請問達標方法有哪些？

- 做降價促銷不會是你的選項
- 在市場擺攤不會是你的選項

用刪除法回答這個問題並不難，但我接下來更想知道的是，到底要用什麼方法達到新的、有挑戰性的目標？

想要顯著地提升業績可以考慮與「頂級」（關鍵字）品牌進行合作。目標可以這樣寫：

<u>G1-1</u>：2022 年 9 月 1 日與 10 家客單價超過 20,000 元的法國服飾品牌確認異業合作，計畫吸引超過 2,000 位合作品牌的新客。

另一個達標方法是進行「線上線下」合作，透過線上的人流導購到實體店面。目標可以這樣寫：

> G1-2：2022 年 9 月 30 日建置完成網路購物平台，並在第 4 季透過重點宣傳，讓客戶擁有在網上先行→先看，在實體試用→購買的全購物旅程。

從 G1-1 及 G1-2 的例子可以發現，都是緊扣「頂級」關鍵字。而 G1-1 及 G1-2 的 2022 年度新做法是支撐 150 億元目標的支柱。

表 5-3：由關鍵字往下展開到具體目標

O：頂級、高端、奢華

	▸ Goal 1-1：2022 年 9 月 1 日與 10 家客單價超過 20,000 元的法國服飾品牌確認異業合作，計畫吸引超過 2000 位合作品牌的新客
頂級（O1）	
	Goal 1-2：2022 年 9 月 30 日建置完成網路購物平台，並在第 4 季透過重點宣傳，讓客戶擁有在網上先行 - 先看，在實體試用 - 購買的全購物旅程。

從以上這個模擬案例可以發現，OGSM 的強項在於每個環節都是上層指導下層，下層承接上層，彼此環環相扣，各有功能。因此上一階的主管思維，得以被下一階的部屬執行實現。

而在接下來的第 6 章，我要特別談談 O 和 G 的關係。

表 5-4：第 5 章「Goal 具體目標」Q＆A 重點整理

Q13	我不知道什麼叫做「具體」？	只要有「單位」的數字，例如：「1 個」、「2 天」、「3 公斤」、「4 把」等，就稱為具體
Q14	如果我的工作無法有具體數字呢？要怎麼寫目標？	鼓勵你「想方設法」找量化項目來量化成果，或至少提出完成日期
Q15	目標到底要寫多細？	目標「會呈現不同層次的複雜度」，依使用者來決定
Q16	目標到底要寫多高？	設定目標時，建議設定具有挑戰性的目標，而參考基準點
Q17	為什麼不建議把公司的年度業績目標寫在第一個？	O 將失去引導性，O 和 G 失去邏輯的關聯，無法發揮 OGSM 的邏輯意義

Photo by Ilyafs, Russia_Shutterstock.com

第 6 章

Goal 具體目標
── 拆解關鍵字

團隊目標的設定增加員工對團隊的認同感、
對較弱團隊成員的補位,並提高團隊對成功的價值感。[9]

── 尤金・維革(Jürgen Wegge)&
亞歷山大・哈斯蘭(S. Alexander Haslam)

「Goal 具體目標」在最終
目的的引導下,激發團隊創
意想法,引領具有價值的思
維;目標設定的積極價值在
於:引發團隊思考,提出新
想法,以新的思維達成新目
標。

本章專注回答這個問題——如何將「Objective 最終目的」的關鍵字，往下拆解到「Goal 具體目標」，讓 O 可以落地、被具體實踐。

我常被問到，為什麼需要從「Objective 最終目的」往下展開「Goal 具體目標」？讓我們從另一面思考：如果不從 O 來思考 Goal，那麼「Objective 最終目的」存在的價值是什麼？

如果「Objective 最終目的」和具體目標沒有連結，就像一個想要擁有健康身體的你，卻選擇吃減肥藥來減重。想法和行為不一致，那何必多此一舉寫上「Objective 最終目的」？

為什麼要有「Objective 最終目的」？請想像「最終目的」是一家公司、一個單位預計往前進的方向，它提供方向感告訴每個員工，我們打算要成為什麼樣的人或單位。「Objective 最終目的」給每個員工一個努力的理由、一個認同的思維。

每個人可以從最終目的的描述，讓自己投身在情境之中，找到工作的核心價值，而這個認同所創造的自我肯定是一種自信的表現，是一種擁有自尊的思維。「我為什麼加班？因為我知道我的客戶需要我，因為我的任務是創造客戶的信賴！」、「我為什麼特別親自跑一趟？因為我是一家親近客戶，以客戶的角度創造價值的公司」。

如果沒有「Objective 最終目的」引導，只有績效數字為目標，員工腦中思維會變成：「這個月已經過了一半，但是我業績才做到 1/3……」、

「客戶真的很煩，還有 5 分鐘就要下班了，現在才打電話要我跑急單……」」。腦中有目標，勢必容易在短期內見到效果，但是這樣的績效表現來自外界的壓力，難以成為長期的工作動力。

我之前在業務單位服務，每個月的最後一天都壓力爆表，每個人都在等著寫檢討報告。而每年 12 月 31 日是我們最沮喪的日子，因為大家在等著觀賞 101 煙火慶祝跨年，但我們卻得躲在倉庫裡，趕緊結帳、盤點、回報業績。隔天，一覺醒來所有數字歸零，世界彷彿像爛片重放一切重新開始。每個月努力想達標，每年不斷衝業績，這時如果沒有一個價值支撐，如果沒有一個想法告訴我們為什麼要遠離家庭，捨棄休閒娛樂，讓自己全力投入於此，那麼不斷持續工作下去的動力在哪裡？

可以預見，只需要加班半年，人的精力有限，身體的勞動就會造成精神耗弱，也因為長期加班而失去進修的機會，現在的工作績效只靠以前的老經驗在支撐……，當人被消耗殆盡，一旦有更好的工作機會出現時，任誰都想換個環境試試，到最終不理想的工作環境將導致人才快速流失。

Goal 具體目標的 2 個關鍵意義

透過「Objective 最終目的」指導「Goal 具體目標」的產生，有 2 個關鍵意義：

一、方向感

「Objective 最終目的」具有指導功能。尤其是對主管而言。意思是在思

考具體目標時，主管必須不斷地問自己：「我這樣做，就可以做到關鍵字嗎？」不斷地回頭看關鍵字，不斷地自問自答，或者讓團隊成員提供答案，提供反思。從 Goal 多回頭看 Objective 的關鍵字，會讓目標設定愈來愈逼近想要呈現的關鍵字意義。

- 例如 Goal：提供 24 小時專業諮詢 → 就可以做到「O：給予信賴感」嗎？
- 例如 Goal：提供寵物健檢服務 → 就可以做到「O：守護寵物」嗎？
- 例如 Goal：給予高階主管一對一的教練指導 → 就可以做到「O：提升人力資本」嗎？

二、創意

「Objective 最終目的」另外有個非常強大的功能──產生創意！

市場變化如此之大，面對問題或困難時往往超出思考能力範圍。一旦事情超出經驗值該怎麼辦？請教他人嗎？有時候愈問愈模糊，無法確定對方的想法是否合用。參考同業嗎？又擔心看到的市場操作是煙霧彈，其實更多的關鍵細節查不到。最終，解答往往都在自己團隊、客戶身上。**客戶是最好的老師，但第一線同事往往是提出解決方案的人。**

站在客戶角度思考，問客戶到底要什麼，不要去猜答案，不要對客戶的問題不屑，不要以為自己都懂。要謙虛、有耐性地蒐集資訊，往往會在團團謎題中找到好的解答方向。

主管毋須刻意展現權威，也不必認為自己江湖老、經驗足，就可以應付所

有的問題，讓團隊提出想法、讓部屬多說話。**員工願意說說想法，就是最珍貴的團隊資產。**

以下推薦使用 N.M. 法，透過這個方法將 O 往下拆解，然後落實到 G。

N.M. 法 5 步驟

N.M. 法由日本創造工學研究所所長中山正和教授（Nakayama Masakazu）於 1974 年開發，名稱取其英文姓氏縮寫。屬於腦力激盪法，為發散型思考（divergent thinking）方式，經常在業界使用於新策略、新商品的開發，是目前最廣泛使用的創意開發技法。

N.M. 法的創意開發源頭需要取一個「關鍵字」，以「關鍵字」為主題開始，一共有以下 5 個步驟：

步驟 1：選定「關鍵字」

關鍵字必須簡短，並讓與會者馬上掌握文意，例如「提升效率」、「夥伴關係」等。關鍵字的主要功能協助與會者思考，獲取更生動的構想；這是 N.M. 法非常重要的步驟，可以依據設定的主題來刺激大家，提出更多豐富的構想和面向。又或者因為這個關鍵字讓人突然想起某些做法。「關鍵字」就像一棵樹的根，可藉此長出許多思維。

步驟 2：以「分類」進行「聯想」

透過提問聯想出類似的做法、事物。會議中的主席必須以「分類」來提問，而非漫無目的地要大家提出想法。以下提出幾個分類，你也可以根據自己的專業提出其他的分類。

例如：

- 用「流程」分類：「請問我們可以針對價值鏈的上游供應商或下游客戶，做到信賴？」
- 用「專業技術」分類：「請問我們可以透過哪些專業做到信賴？軟服務？硬科技？」
- 用「服務對象」分類：「請問我們可以針對老年、青壯、婦女哪些對象特別加強信賴？」
- 用「業務內容」分類：「請問我們可以在哪些部門（或哪些面向）加強信賴？」

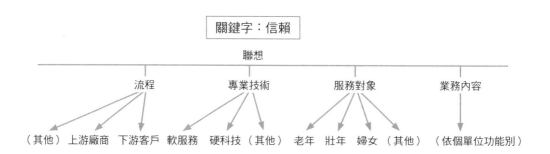

以上看到的例子「流程、專業技術、服務對象、業務內容」就是「分類」。透過區分類別，讓團隊的思維限縮在一定範圍內，而不是部屬想到什麼就說什麼。因為無邊無際的腦力激盪會難以聚焦，可能耗費太多會議時間，最終沒有結論。

把以上分類的答案分別寫在便利貼或小卡片上，黏在牆上。

特別提醒，與會者應該盡量發表意見，最忌諱主席表現強勢，沒有腦力激盪，卡片上的靈感寫得類同，或是跳脫不出原來的樣子，和現有的公司做法沒有差別，那就失去有趣的激發靈感的機會了。

步驟 3：進行「歸納」

將蒐集到的便利貼更細一步的分類，並解讀其中的訊息。這個目的就是藉由片段想法，根據整體答案所展現的特色，讓可能的方案浮現並具象化。也就是邏輯的：資料 → 論證 → 結論，先有資料，進行解讀討論，最後產生結論。

例如最後的結論是：

- （流程）針對下游零售市場客戶
- （專業技術）在具實驗室等級的製造過程中
- （服務對象）提供輕熟女的上班族女性
- （服務內容）在門市擁有醫療級的美容建議

```
               ┌─────────────┐
               │ 關鍵字：信賴 │
               └─────────────┘
                   聯想
─────────────────────────────────────────────────────────────
        流程          專業技術        服務對象        業務內容

（其他）上游廠商 ┌下游客戶┐ 軟服務 ┌硬科技┐（其他）老年 壯年 ┌婦女┐（其他）  ┌（依個單位功能別）┐
                └───────┘        └────┘                    └────┘          └────────────────┘
              ┌─────────┐  ┌─────────┐              ┌─────────┐      ┌─────────────┐
              │下游零售 │  │實驗等級 │              │輕熟女   │      │在門市擁有醫療級│
              │市場客戶 │  │的製造   │              │上班族   │      │建議           │
              └─────────┘  └─────────┘              └─────────┘      └─────────────┘
```

步驟 4：思考「做法」

主席可以透過拆解以上句子，請與會人員提出任何可能的做法。務必避免
讓預算、現有有限人力、技術限制等框住。

- （例如）主席要問大家，「我們可以做什麼，而讓輕熟女在門市也
  有醫療級的美容建議？」
- （例如）「要如何讓下游零售客戶知道，公司擁有歐洲認證的實驗
  室等級製造技術？」
- （例如）「要如何將實驗室等級的成分放在一般常溫置放的產品
  中，而仍維持活性成分功效？」

步驟 5：寫出「具體目標」

請以目標表達公式的 3 元素：「動詞＋名詞＋時間」撰寫具體目標。撰
寫時，建議留點讓部屬發揮的空間，不要一下子將目標寫得過於狹窄，或

一直寫到太細的行動計畫。要留點餘地，讓底下承接的人也可以發揮想法。例如，主管的「Goal 具體目標」可以寫成：

- （例如）在 2022 年 5 月 10 日（母親節）首次推出醫師於門市進行肌膚問題固定服務。（員工可發揮空間：肌膚問題類別、固定服務的時間、固定服務的對象等）
- （例如）在 2022 年 5 月 1 日到 6 月 30 日，在線上線下的主流媒體，特別針對前 10 大客戶，投注超過 500 萬元預算的歐洲認證實驗室等級行銷報導。（員工可發揮空間：定義主流媒體、選出前 10 大客戶的條件、行銷報導的操作方式）
- （例如）在 2022 年 9 月 1 日推出可阻絕外界空氣的溫度、防止成分氧化，並且又能通過肌膚毛細作用，而進入到肌膚底層為之吸收的全新載體技術。（員工可發揮空間：隔絕的瓶身材質、產品的質地、產品的功能、訴求的對象）

以下透過實際案例，更能引導你理解：如何將「Objective 最終目的」轉換成「Goal 具體目標」。

實際案例

這是某位專職於海關進出口貿易，「報關部門」經理的 OGSM 表格。OGSM 的表格就從 O 的關鍵字開始展開。

表 6-1：O→G 案例，以報關進口經理為例

Objective 最終目的：打造一個具有**效率**、效能、**溝通**的專業報關進口團隊（O1）（O2）			
Goal 具體目標	Strategy 策略	Measure 檢核	
		Dashboard 指標	Action Plans 計畫
G1：2022 年 1 月 1 日開始，建置與關貿平台相容的網路以彙總「進出口報表」，使作業總工時從每個月 20 小時減少 40%，到 12 小時。			
G2：2022 年 3 月 1 日開始，建置貨品入關流程報告 app 系統，每 2 小時回報 VIP 或緊急貨物狀況。向客戶回報次數從 2 次 / 流程成長 300%，到 8 次 / 流程。			

表 6-2：O→G 案例，思維步驟，以報關進口經理為例

關鍵字	選定第一個關鍵字為 →O1「效率」
以分類進行聯想	選定以「流程」為重點
進行歸納	其中，專注提升在「文件作業時間」
做法	由於關鍵字為效率，為了加快速度，又不增加人力前提，思考在內部報關文件處理上，建立與關貿網路平台相容的內部系統，而減少文件轉換格式時間，加快行政作業速度，協助客戶文件或貨品，快速通關。
具體目標 Goal 1	G1：2022 年 1 月 1 日開始，建置與關貿平台相容的 時間 網路以彙總「進出口報表」，使每人作業總工時從 名詞 每個月 20 小時減少 40%，到 12 小時。 基準點 動詞 數字 總量

同理可證，O2 會導出 G2，在此我就不再贅述。

刻意練習直至內化

你可能會覺得這 5 個過程過於冗長，我的經驗是，只要練習 2-3 次，確定思路的邏輯是正確，對於市場鼻敏銳、產業經驗夠的人而言，大約 2-3 分

鐘就可以寫出一個具體目標。

但是要刻意練習這 5 個步驟的思路，刻意練習的意義是——**不要讓自己習慣性的跳躍思考，跳過思路過程直接找答案**。必須常檢視在面對問題時，腦中的答案是否跳出來得太快。當腦海答案太快呈現，就意味著你用自己的習慣在處理事情。

這種反應非常容易解釋。這是因為長年在該產業工作，對於產業所發生的人、事、物，已經建置完整的「工作基模（working schema）」。這個「基模」就像是每個人腦中的圖書館，在一、二十年的社會經驗中，儲存大量的經驗和情感。一旦有新的刺激進入，大腦會本能地尋找以往類似經驗，協助我們快速尋找該有的回應。一旦腦中遇到新刺激，就會在這個虛擬圖書館快速搜尋，企圖在已經建置好的資料庫中尋找答案。**很多專家都說不出自己為什麼會這麼做，但是專家遇到提問時，反應都很即時，並且很輕易地可以提供答案，就是因為「工作基模」的運作。**

鮮明例子，有些老師傅在工廠做沖壓成型，會刻意在機台上旋轉到某個角度時加壓力道，當你問師傅原因時，他的答案往往都是：「我不知道……我都是這樣做」。他說不出離心力對這個流程的助力，但是他遇到問題會本能地反應。

同樣地，你也會發現超級員工很難把自己的工作邏輯講清楚，「為什麼轉介紹這麼成功？」「陌生拜訪為什麼可以拿到訂單？」他也沒有具體答案，同樣地也說：「我不知道……很自然地我就這樣做」。這些老師傅、職業達人有自己一套工作基模，這套工作基模如同神功護體，為個人習性與性情量身訂做而成。會做並不代表知道背後的想法是什麼。但是習慣性

的自然反應，找不出邏輯架構，沒有清楚步驟很難進步，也很難進行知識轉移。

因為把經驗邏輯化、步驟化，是傑出人才應該擁有的自我訓練。

在練習 O→G 的過程中，你也必須留意自己腦中的思路及步驟，一個一個來，不要跳、不要立刻想答案。沉澱一下，甚至問問部屬或同事，「如果是這樣做（G）……就可以導出這樣的結果（O）嗎？」透過建設性對談豐富思路，不再僵固，才更有能耐面對外界的變動。

這也是我不斷強調的，「用邏輯裝備自己，儲存面對變動的勇氣」！

在輔導多家企業的過程中，許多人不知道一個「關鍵字」到底要有幾個「Goal 具體目標」支撐？我的建議是「最多 3 個就差不多，但只有 1 個則太單薄。」

這是因為「Goal 具體目標」還會再往下展開「Strategy 策略」及「Measure 檢核」。為了避免過於龐雜，必須選擇最重要的事規畫。

只有一個「Goal 具體目標」支撐一個「Objective 最終目的」關鍵字，就顯得比較單薄，就像一棟房子只用一根柱子支撐，讓人覺得力道不夠。當然一個 O 也可以只有一個 G，只是必須思考，如果雞蛋都放在同一個籃子裡，單一投入資源是否會引領成功。

表 6-3：第 6 章「Goal 具體目標」Q & A 重點整理

Q18	Objective 最終目的要如何落實到 Goal 具體目標？	使用 N.M. 法

第 7 章

Strategy 策略
——取捨資源的藝術

策略構成的精髓就是應付競爭……
而在某個特定產業的競爭並不限於某一特定產業的某些競爭者，
所謂的競爭，是深植在經濟活動和競爭力道中。
包括消費者、上游供應商、潛在進入者
及可替代的產品都是競爭者……[10]

——策略大師麥可‧波特（Michael E.Porter）

「Strategy 策略」的定義千百種，在此順著麥可‧波特對策略的定義：我認為所謂的策略就是，全公司上上下下每個人都必須思考「透過什麼方式，展現自己的專業和創意，讓我和別人不一樣，贏得競爭、讓客戶選擇我？」

「策略」在管理學中是個非常巨大的領域，探討的角度相當多樣。傳統上，將策略的產生視為企業產生競爭力的手段；而理論上，認為企業經盤點手上資源後，透過（新）資源的取得、配置、運用，讓企業在面對競爭者、產業結構等種種變數之間取得長期競爭優勢，就是策略的運作。

麥可‧波特的5力分析

策略大師麥可‧波特認為，企業必須面對5種競爭動力：新進入者、替代品的威脅、購買者的議價力量、供應者的議價能力，以及現有競爭者去思考如何讓企業取得利潤，永續存在。因此策略的產生，來自於應對以上5種競爭力。麥可‧波特的5力提醒企業主以及每個員工，公司所面臨的競爭威脅遠多於傳統上所想像的「競爭者」。

競爭無所不在。競爭可以來自於下游顧客、上游供應商，以及以前沒有想過的其他產業業者等，都可以是扳倒企業的關鍵。只要影響到企業的永續經營，都可視為威脅企業生存的力量。

策略是提供企業產生競爭力的一種想法。這樣的想法轉換成計畫，成為做法，該做法所堆疊的結果，理論上會達到設定的目標。

例如想要進到 AI 領域，因此設定目標，接著建立團隊並開發商品。或許2年後團隊技術成熟，對市場的手感也日臻自信，產品問市後有機會打敗對手，給它來個措手不及，以此取得競爭優勢，搶得市場先機。

為什麼「策略」這麼難？

這些日常都在碰的想法、做法，為什麼反而讓人感覺策略很難？是因為思考策略，不但要應付上述那 5 種競爭力道，還要考慮到不同的時間點可能的變化；同時，公司內部的資源也是變動的，員工的能力也有與時俱進的問題。對許多人而言，學校教育學到的內容似乎很難應付企業策略的動態需求。策略地圖忙了 3 個月，平衡計分卡好不容易有了結果，但轉眼間又過了半年，而且太過複雜的過程和表格，實在難以應付市場的變動。反倒是管理者個人的經驗值，以及參訪其他企業和取經，好像對產生策略比較有幫助。

為什麼「策略」有難度？另一個原因還來自於——「主事者想好策略後，要如何轉成『具體做法』，並且讓底下的員工能夠在時間內產出期待的結果」，就是一件高難度的事情。例如，公司某年想要追求「高毛利」。這時候就要思考，什麼是「高毛利」？由於「毛利＝營收－營業成本」，因此，到底哪個（which）單位要追求高營收？哪個單位要追求低成本？往往就需要一、二階主管定調，引導員工去思考具體做法。另外，要如何（how）追求高營收？由於「營收＝賣出的產品件數×產品單價」，因此到底要追求高件數，還是要追求高單價？這些都需要和公司不同層級主管討論、定調後，一步步地引導員工思考具體做法。

功能型策略

策略的定調後，接下來就必須思考「如何根據資源和能力，讓策略產生「策略效果」。由於牽扯到「該怎麼做」，就開始跟執行面高度相關。

為了撤除策略的深奧龐大，也為了減少複雜度讓每個員工都能在面對OGSM 時上手，因此，OGSM 表格將策略予以分工，把策略思維放在「Objective 最終目的」，最高主管定調出策略思維，放在「Objective 最終目的」的描述文字中，策略做法就放在「Strategy 策略」單元裡，並清楚界定策略範疇為：「功能型策略」。

> **策略思維放在「Objective最終目的」，但策略做法就放在「Strategy策略」單元裡，並清楚界定OGSM的策略為「功能型策略」。**

「功能型策略」意味著，策略的思考主要是在「各部門」內。各部門就是你所服務的單位，例如總經理戰略室、產品開發室、實驗生產部、財務管理部等等。這是因為 OGSM 著重執行，執行力與部門的各單位績效有關，每個單位主管和同仁必須思考——**「什麼是我這個部門的價值，可以協助公司達標，並且讓客戶（顧客）選擇我們？」**

從定義就開始引導思考了，請想一想，如果你是行銷部門經理，得問自己「我的行銷部和業界其他行銷部有何不一樣，為何客戶選擇我們？」

例如，新的爆米花口味上市，行銷經理就得問自己：「這款爆米花該如何透過特別的行銷手法，而讓顧客認為我們不一樣，選擇我們這款爆米花？」

例如，新桌上型電腦上市，行銷經理就得問自己：「這款新的桌上型電腦

該如何透過新的行銷手法，而讓客戶認為我們不一樣，選擇我們這款新的電腦？」

從以上兩個例子裡，你應該意識到了——**「不一樣」是重要的思維**。而這個「不一樣」是相對詞，是「相較於『什麼』讓人感覺不一樣？」，答案很明顯，當然就是相對於「競爭者」，讓使用你產品或服務的目標顧客感受到差異性。因此，**功能型策略的意義在於，如何展現差異性？讓原本已經在做的工作做得更快（效率）、更好（效能），並以此展現部門價值。**

圖 7-1：策略三個層級

有位在傳統產業的好友，對於功能型策略的詮釋，我覺得直白更容易理解——「所謂功能型策略就是，我在告訴老闆，付我薪水、請我來這邊上班是有用的！」

這時候有人就會問：「如果每個部門都有自己的功能型策略，那不就天下大亂？每個單位的做法是否會不一樣？」

我們鼓勵各單位主管可根據自己的功能別，提出策略做法，讓自己單位的工作做得更快、更好。部門經理要去思考，為了達成目標需要運用哪些專業？手上有哪些資源？可以發揮哪些新想法讓自己及團隊達成新目標？所以，是的，每個單位都可以產生自己的策略，只要和公司大策略方向一致即可。

有人因此提問，主管已經都想好也訂好策略了，員工還要想策略嗎？是的，我鼓勵你也要承接老闆的想法，並且發展出自己的策略。為什麼？

因為每個員工要學會思考，而不是等待老闆下指令。不斷地思考，想想可以怎麼樣有新的想法，思考可以有哪些突破性做法，思考有哪些元素可以發揮「迷你大效果」，意味著用最少的努力以巧勁達標。

每個員工都要學會思考，要有當責態度，慎重地去想如何產生新做法，達成新目標。這個思維，對資深員工特別有意義。

在輔導的企業中，我很驚訝地發現許多資深員工對於「Strategy 策略」相

當排斥。從對話中感覺到對公司的失望，以及對同事的無奈。年輕時剛進公司，其實有很多理想和抱負想要分享、想要實踐，但是隨著年資慢慢愈來愈深，年紀愈來愈長，除了經驗開始老道，當然也學會了公司的政治和潛規則。有人對公司高層安排親戚來公司上班，相當不以為然；有人也曾經試著提出想法，但是被老闆指指點點、一陣辱罵之後，滿腔的熱情也就消失殆盡；更有對其他單位的同事失望，甚至前線業務單位一直不懂為什麼自己得幫客戶送貨，難道後勤單位連叫個快遞送件都不願意嗎？諸多對公司的失望，讓許多人，尤其是那些年資深但受傷也更深的同仁不願意思考、不願意主動為公司多做一些事。久了就成為一種麻痺和習慣。因為工作上無感，讓自己疏於改變。

一家公司員工的惰性和無奈，很容易讓企業顧問的我感受到。到企業輔導OGSM 時，縱然千叮嚀萬交代，麻煩同仁要先看講義，或至少在網路上看個介紹影片，無奈學員總是缺乏學習動機，況且過去經驗的根深蒂固難以一下改變。諷刺的是，位階愈高愈不閱讀，可能是因為工作忙碌，也可能已經習慣靠直覺、經驗寫策略、寫 OGSM。當我深究到底，窮追猛問之下就應付不了。

我看過很多企業員工的反應很快，上台提報完全不需要準備，但一遇到要寫 OGSM 就破了功。所以我常講：「一個人腦子的想法有多少，所寫OGSM 就會呈現多少，這都是騙不了人的。」

Q21：為何你會說，我的策略似乎有寫但其實沒寫……？

我常寫給許多企業學員的評語是：「這個策略感覺有寫，但其實沒有寫。」這是什麼意思？

舉個例子說明比較快。例如::「S：透過研發」是為達成「G：開發 3 款新產品」。

首先，我的疑問是：「新產品的誕生肯定會歷經研發過程吧？那這裡所稱的『研發』究竟具體指的是什麼呢？」

也許，在此指的是「研發部門」。那我的疑問是「為什麼選擇內部的研發部門？而不是選擇外部的研發廠商？」因為我們都同意，開發 3 款新產品的途徑很多，而選擇內部自行研發和外包給協力廠商，都分別有不同的策略意義。

你會發覺，「Strategy 策略」的最重要意義在於，達標的方式很多，為什麼你選這個？

「這個」就必須由撰寫的人根據設定的「Objective 最終目的」、現有資源的盤點、成本考量、戰略意義來考量。但最終的重點在於，**策略必須產生競爭力，產生獨特性。**

那要如何調整呢？

建議可以調整為：「S1：透過外部廠商的異業合作，將研發技術進行內部轉移」（G：以開發 3 款新產品）

以上這個描述，視「外部廠商」為資源，讓資源描述更具體，並讓承接的員工有執行方向，而得以辨認有價值的新做法，更展現策略的戰略性。

有人因此問：「我的工作是專案經理，都是靠其他部門同事的合作才能完成工作，我可以把其他部門的人當成我的資源嗎？」提問的夥伴這樣寫S：「透過研發部門」。

以下來回顧「Strategy 策略」的本質。

策略為什麼重要？因為它意圖分配有限資源並以此產生競爭力。也由於資源有限，所以才需要特別去思考，如何配置資源以產生戰略價值。

例如公司編列預算 1,000 萬元提升產品客製化能力。請問，這 1,000 萬元要花在哪裡？花在招募技術人才？還是花在購買國外新進機器？相信大家都同意，一旦把錢花在人才招募和培育，就會稀釋購買機器的經費。那到底要把資源投入偏移到哪邊呢？這就要看主管和員工如何一起討論並定調出這家公司或這個單位的策略想法。並沒有標準答案，完全視每家公司的策略想法不同而有所不同。這就是所謂的「資源的取捨」。

有了這個觀念後，再回頭看這個 S 的寫法：「透過研發部門」。

同樣的概念，我們來思考：「之前曾經和研發部門共事過嗎？」如果有，那為什麼這次和研發部門合作會有新的結果產生呢？差異在哪裡？更重要的是，假設研發部門只有 10 個人，這麼有限的人力為什麼要特別花時間在我們的案子？他們也有自己的工作要做，難道只因為是配合單位就得照單全收？

在撰寫 OGSM 過程中，要習慣地、不斷地在腦中自我對話、自我檢查。因為寫 OGSM 沒有標準答案，完全就是腦中思路的呈現，腦中的想法到哪裡，思路的呈現就到哪裡。當腦中沒有想法，只是依照現有的做法把表

格填上去，我就會說你在做「例行工作」。例行工作例行做，用現在的表格也可以，倒也不必一定要用 OGSM。

> OGSM是一種思維的呈現，腦中的想法到哪裡，呈現的文字思路就到哪裡。沒有標準答案，需要不斷地自我對話、自我檢查。

OGSM 特別之處在於，它會引導你去思考，可以哪裡做得更多、更快、更不一樣。

Q22：我的策略都是得靠其他部門才能完成……這樣也要寫策略嗎？

有人委屈地說，我真的都得靠其他部門才能完成，這樣我到底要不要寫策略呢？或者是我的策略要怎麼寫才會比較好呢？

就從上個例子來回答吧。「透過研發部門」，如果真的需要研發部門協助完成產品開發或客戶提案，或許可以調整成以下寫法：

「透過本單位具有研發背景同仁，與研發部共同協作此專案」

在此，資源就是「有研發背景的同仁」。或者也可調整為：

「透過引進 VR 技術將研發部門的產品開發視覺化，而不需實體呈現，以減少作業成本並縮短作業時間」

在此，資源就是「VR 技術」。因此，寫「Strategy 資源」時要緊抓住 3 原則：

1. 使用撰寫語法：「透過～」，有意識地讓策略寫法不要太過跳躍。
2. 寫完後思考是否所選定的資源符合以下這些條件？這個資源是「有限的」嗎？這個資源「是新的」嗎？這個資源是會「被消耗的」嗎？這個資源會產生「獨特的」結果嗎？如果答案有一個是肯定的，代表所選的資源具有策略意義。
3. 最後，策略寫完要回頭看一下「Objective 最終目的」，然後問自己挑選的資源是否呼應 O 的策略思維？如果覺得 S 的確和 O 相呼應，基本上 S 的寫法就沒有太大的問題。

> Q23：我沒有寫策略的經驗，可以幫我起個頭嗎？

我很驚訝地發現，許多工具表格幾乎都沒有把「Strategy 策略」列進去，為數不少的員工、高階主管、企業主，其實不太確定到底什麼是策略，或者更具體的說，就算透過年度策略會議，擬出了每個部門的策略方向，但是對於「策略寫得對不對」這件事顯得底氣不足，而且心存懷疑。由於心中懷有不確定性，因此就常常改策略，常常改 S。

如果沒有寫策略的經驗，或對寫策略感到心虛害怕，下面的建議可以幫你起個頭。

在 OGSM 中，策略的前一個單元是「Goal 具體目標」，具體目標的撰寫公式會牽扯到「動詞」。前述曾提及，**「動詞」會因此具有方向性**，功能

就從這個動詞方向開始。

請你自問自答：

- 「透過**提高**□□（S），會減少 15% 流動率（G）」？（例如：透過提高新人網路課程研習時數會減少 15% 流動率）
- 「透過**減少**□□（S），會減少 15% 流動率（G）」？（例如：透過迎新來減少新人對單位同事的陌生感而減少 15% 流動率）

然後思索□□未填寫的部分，把空格填進去。

如果覺得自己思考有盲點，想不出來，就邀請其他同事跟你一起完成上述的句子填空。試著在不被有限資源的局限下，儘可能地以創新方式想出□□的答案，再根據現實的可行性，予以刪減手上的創意答案。

試著用這個方式不斷練習，就會達到意想不到的效果。

唯一的提醒，不要腦中一想到答案就立即反應。這種反應來自經驗的支撐，**我的經驗是，馬上跳出想法的人，因為沒有經過審慎評估，通常不會是太漂亮的 S。**

表 7-2：第 7 章「Strategy 策略」Q & A 重點整理

Q19	公司應該有統一的策略？還是我們每個單位都可以有自己的策略？	建議在主管的策略大傘下，思考自己（單位）的相關策略做法
Q20	我的老闆已經訂好策略，這樣我還要自己想策略嗎？	每個員工都要學會思考，思考如何有新做法，而達成新目標
Q21	為何會說我的策略似乎有寫但其實沒寫？	請檢查寫的是否為真正的資源。資源的特色就是，它是有限的、新的、可被消耗的、獨特的
Q22	我的策略都是得靠其他部門才能完成，這樣也要寫策略嗎？	其他部門也需要完成其它事項，真正的策略應該是，你必須思考要運用什麼策略，才能讓該部門全力幫你
Q23	我沒有寫策略的經驗，可以幫我起個頭嗎？	以「撰寫語法＋動詞方向性」為結構，然後你思索□□未填寫的部分，把空格填進去即可

ART

第 8 章

Measure 檢核
──修正偏差

「檢核」的定義：是用以判斷某些事情的依準。

──劍橋字典

「Measure 檢核」最重要
的功能在於，在達標的路
上透過各種指標，了解我
們都根據已經規畫的進度
不斷前進。在過程中也可
透過指標來顯示，我們所
選定的資源，是否已經因
應計畫產生預期的效果。

「Measure 檢核」是 OGSM 工具表格中最具執行力的單元。這是因為「Measure 檢核」根據所選定的策略資源，在達標過程中設定「關鍵指標」。「關鍵指標」正意味著，這些指標都是刻意選出來的，對於目標達成產生決定性的影響。因此，學習找到對的、有品質的關鍵指標，就如同在達標過程中設定有效的檢查站，讓主管及團隊隨時掌握進度，了解所選定的策略及做法是否真的如預期達到想要的效果。

上述這個過程，就是管理學的「控制（control）」。在執行過程中，進行「控制」，就是為了確定在達標過程中對準目標，沒有偏失。只要察覺到偏離就使用管理技巧，把偏離的狀況控制回到原設定軌道。

以模擬考為例

舉個生活上的例子。在邁向大考的前一年，學校會舉辦模擬考，目的就是希望學生從模擬考準備過程以及考試成績中，知道自己的學習狀況，以此調整讀書計畫，把比較弱的科目補起來。透過不斷的模擬考，就可以不斷的自我調整學習狀況，最終在學測有最好的成績表現。

因此，指標的第一個作用就是「調整」。

以上述例子為例，模擬考的成績能預測分數落點，因此模擬考題目是否忠實地反映出考生實力，就決定了模擬考的有效性。同理可證，組織內每個工作的執行也在仿造這個過程，每個人都應該在完成工作的過程中設定有效的小指標，這樣才能準確預測是否能達成設定的目標。

因此，指標的第二個作用就是「預測結果」。

在這「調整」和「預測」的過程，透過團隊依著指標不斷地修正，不斷地學習，就是組織前進的動能。

再以一個生活例子說明。假設你希望某年 12 月 31 日存到第一桶金買房子。你初步規畫需要存到 200 萬元。「Goal 目標」設定就是：

即日起到 2025 年 12 月 31 日止，存款金額達 200 萬元。

你考量到上班的薪水無法達標，因此計畫下班後透過外送兼差提高收入。「Strategy 策略」就是：

透過美食外送兼差

接下來思考的是，到底每天得花多少時間做外送兼差？以及，每星期要兼差幾天才可以存到第一桶金 200 萬元？因此「Measure 檢核」就是：

星期一到星期四，晚上下班後從 7 點兼差外送到 10 點，共 3 個小時，
每小時接 4 筆單，計畫每星期接 48 筆單。使得每週可額外進帳
4,800 元，累積每月可達 19,200 元。

Q24：如何知道OGSM可以被具體執行且能夠達標？

你應該會想問：「我怎麼知道要兼差 3 小時，平均每小時接 4 筆單，一星期得兼差 4 天？」以及「如果沒達標，我要怎麼檢討和修正？」

「Measure 檢核」的選擇會決定達標與否。指標是否選得好，指標是否可隨時查看，以便隨時調整，是達成目標的關鍵。

想當然爾，透過指標進行「控制」是管理的重要動作。意思是，設定目標後，接下來的關鍵就是要確保（自己或）團隊成員，是否根據事前所規畫的內容一步一步朝著目標前進。當偏離目標時，可以透過指標洞見偏離的程度，討論偏離的原因，透過解決問題，讓團隊回到一開始的設定。

此種了解「理想狀況」和「現實狀況」差異之後，再把績效拉回到原先設定的水準，稱為「控制（Control）」。「控制」因此和執行面高度相關。**這就是執行力，也是一種對結果呈現的承諾。**

以上述例子而言，想存錢買房的你，如果把衡量指標設定為「提高晚間黃金時段 7-8 點的接單數」，而非檢查整個晚上是否平均每小時有 4 筆單，衡量指標設定一調整，就會影響接下來的行動計畫（Action Plans），當然也決定了達標與否。

因此，在 OGSM 中，檢核內藏了兩個子項目：「M–Dashboard 衡量指標」，以及「M–Action Plans 行動計畫」，以確定展現了執行力。

Q25：好的指標有哪些特色？

首先談談如何找到好的指標，建議須具備以下 4 個要點：

一、好的指標須符合 S.M.A.R.T. 原則，在指標中有數字或日期等描述。

「數字或日期」是用來界定「是否具體」的關鍵。只要描述中，符合數字或者日期「任一」元素，就稱之為「具體」。符合的 S.M.A.R.T. 元素愈多，就「愈具體」。

一個目標的完成，短則需數星期，長則需要數年時間。許多變數會在這段時間發生。一開始設定目標的情境，隨著時日演進會產生變化。管理者不太可能在設定目標時，就已經把所有變數都考慮進去，因此過程管理的意義就在於，主管會進行監督，減少變數對達標的衝擊，確定時間到時，任務、人員都在設定的終點。

愈早發現現狀與目標的偏離，愈有機會把差距補起來。因此，有步驟地和員工進行會議，或進行過程管理是重要的。

例如，這個月已經 15 號，原定在第二個星期結束後業績要做到 200 萬元，但是目前業績只有做到 120 萬元。這樣算下來差距是 -80 萬元。但差距是發生在第二個星期，因此需要評估看看是否有機會可以在接下來的 2 個星期內補救，以達成月目標（400 萬元）。

圖 8-1：好的指標指出「理想－現實」差距

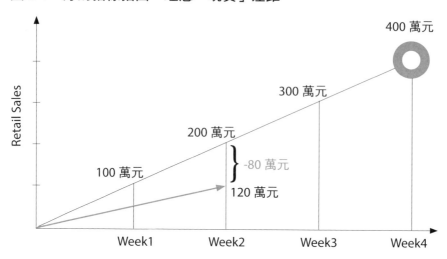

若答案是肯定的，接著就必須找出問題源頭，例如可能是產品庫存不足、人力調配有問題、新產品上市的宣傳不夠、主客戶訂單沒有如原定時間進來。確定問題後，試著調動人力和金錢（資源），看看是否有機會在月底達標。

Q26：需要多久開一次OGSM會議呢？

至於多久開一次會比較恰當？這個答案依產業或依事情的緊急程度有很大差別。

由於我之前從事服務業及通路產業，市場變化大，產品生命週期短，我所服務的公司多半是每星期開一次週會。而且週會盡量不要訂在星期一，最

好是訂在星期二，這是為了讓同仁有時間做周全的準備，確保每次開會的品質。

像我所理解的汽車營業所、餐飲業、房屋仲介、五金零售、食品等都是以「週」進行單位定期會議。如果產品生命週期較長，或者處在產業的淡季，可以以「雙週會」取代。

但不論哪個產業或企業，**建議至少每個月召開一次「月會」**。召開月會時，所有 OGSM 的當事人都必須出席。

會議順序分別是：1. 回顧上個月的績效、2. 報告本月預計情況、針對下個月溝通協調、3. 臨時動議（第 160-161 頁有詳細會議流程）。而更重要的是，主管必須尊重開會日期和時間。最忌諱開會時間老是被改來改去。主管如果習慣地變更和員工會議，部屬很快就會感受到不受重視，對於會議可能達成的效果期待不高，最終使得會議議而不決。

二、好的指標需要專業和經驗支撐

這是因為執行的過程，通常會牽扯到第一線的執行、外單位的配合，有專業和經驗為基礎的員工，更能提出具有前瞻性、預測性的想法。例如，一位有經驗的室內設計師將平面圖、施工圖畫完，也和客戶溝通完畢，當他在發工程給木作師傅時，設計師會把一樣工法的項目排在同一時間段，如此可減少工時、減少用料浪費，也有更多機會提早完工，或有餘裕進行後續軟裝。對這個設計師而言，重要的指標不是完工時間，而是能夠精簡和整合的項目數量有多少。有經驗的人會更容易找到達標關鍵，讓容錯空間變小，有效地掌握整個內容。

三、好的指標可精準預測是否達標

好的指標會發揮「精準預測」的功能。例如轉投資複雜，尤其非本業之轉投資眾多，如果損益異常，則可預測資產負債結構的異常；例如機器運轉的廢料持續增加，則可預測機器整體運轉率正在下降；例如某員工連續 2 個月遲到天數達 10 天以上，則可預測該員工低工作滿意狀況。

以上的例子，都讓執行者在截止日期還未到之前，不必等到終點日期到來，就可以透過指標預測是否會達標，並以此先調整策略動作，增加達標機率。

一個公司找到好的指標，就可用以預測未來。而使得這個學習，成為公司的重要知識。而知識不斷的積累，減少不斷修正的學習成本，更疊高找到新的、好的指標的能力。這就是我們所稱，**不斷創造學習曲線，而擁有學習型組織的特質**。

在 OGSM 的 M 內藏了重要的概念——員工的當責執行；也就是員工必須發揮專業和經驗，有能力找到有品質的指標確定達標。延續此邏輯，OGSM 的理想是——這個專案的負責人（project owner），需負責寫出「Measure 檢核」。

因為負責人掌握執行的細節，指標由他提出，行動計畫由他撰寫，自己寫自己最了解，更會承諾對這些指標和計畫的完成。這樣一來可避免員工被要求填了一堆無效日期，寫了一堆無效工作項目，但卻無心達標，缺乏執行的力道。

「Measure 檢核」用來控制工作進度，也是主管與部屬溝通的依據。

縱然市場變動，核心的工作事項並不會變動太大，該聯絡的人都是特定的，該做的事也都有基本格式，自己的工作就自己規畫、自己執行，這是一種參與，也是一種承諾。

主管更可從「Measure 檢核」裡，看到員工「自我控制」能力，意味著員工能夠按照計畫來執行工作。透過有層次、有規律的時間管理，設定工作進度，有步驟地自我督促。若遇到阻礙，員工的責任感和使命感將促使他主動盤點資源、檢視自我能力，如果發覺還是需要主管幫忙，就會主動向主管提出，這些工作過程最終目的就是要完成指定任務。

四、好的指標是上與下共同溝通的結果

這種「自我控制」的能力可以從那裡來呢？員工的「參與程度」有決定性因素。彼得‧杜拉克談 MBO 目標管理時，他不斷強調在設定目標過程中，員工參與的重要性。當員工了解到，從這個案子開始他就參加會議，被詢問意見；他也在整個過程裡主動提供點子。當涉入程度愈高，他對任務的認同感就愈高。由於這件事和自己有關，並且也了解事情的來龍去脈，員工的「當責」程度自然就提高。

讓員工參與會議還有一個重要意義：員工會知道主管想要看什麼，員工會了解主管在乎什麼重點。這對員工和主管兩方的溝通都很重要。

當部屬知道主管在意的點，例如主管在意成本管控和其他部門的事前溝通，自然就會將成本管控或事前溝通等事項，納入檢核的指標當中。這樣一來，不但可以溝通到主管在意的要點，漸漸地也與主管建立更多的信任和默契。上下之間，一旦信任默契建立，部屬開始有安全感，部屬開始有

成就感，一旦部屬確定自己在做對的事，就更正向地提升部屬參與工作的動機，更增加參與計畫的行為和意願，進而產生積極工作的正面循環。

在此會希望員工先提出「Dashboard 衡量指標」。

這是因為，執行者比較容易知道事情做得對不對、好不好。現場主義精神告訴我們，只有在績效現場的人最了解應該設定什麼指標，才可以指出整個達標過程中（例如 3 個月、1 年），是否能以此來檢視、預測是否可以達標。

例如，銷售同仁會知道該用拜訪客戶人數、還是新車試乘量來預測今年新車銷售量；公關部的同仁會知道該用網路流量，還是特定平台的討論來預測未來 3 天的 TA 閱覽流量。

盡量讓執行者先提出指標，這樣也能把他腦中的邏輯引出來，並進行開放式的討論。有位學員寫信給我，分享自己帶領 OGSM 的過程：「經過 2 次開會，我們竟然很快把 OGSM 完成了。同事說，感覺好像給自己挖坑跳，但是又覺得很有成就感，原來這事可以這樣弄。」多元意見的加入讓想法更周全，創意也會油然而生，這樣一起工作更有創意，不是嗎？

2 大衡量指標

但如果真的找不出衡量指標，建議有兩種大的指標類別，可以從這裡開始：一、「日期指標」；二、「績效指標」。

一、以日期為指標

照字面意義，這類指標都是以「日期」或「時間」當做檢視，以此達標的依據。日期指標因此側重專案執行、活動計畫等工作內容。在靜態事項前壓上工作日期。例如：

表 8-1：日期指標範例

06/17	調出 VIP 客戶名單數量
06/21	提報抵用方案
06/25	行銷開始對外宣傳
07/01	網路促銷活動方案上線

表 8-1 在告訴你，這 4 個日期很「關鍵」，必須在 4 個日期中，該完成的事項如期完成，才能確定團隊正走向達標之路。

那要如何確認這些日期一到，事情會發生呢？**主管的監督動作就是「開會」**。

要什麼時候開會呢？可以在例行週會或月會，也可以依照上述的關鍵日期自行決定開會的頻率。

要如何開會呢？開會的層次為：「檢討過去－確定未來－臨時動議」。我們假設現在日期是 6 月 20 日，以下是開會對話，可以讓你看了更有手感。

表 8-2：開會流程──範例

檢討過去

「6 月 17 日 Annie 已經給我年消費超過 100 萬元的 VIP 客戶有效名單，共 200 筆，並且已經交給行銷部 Bella 了」

確定未來

「請問 Bella，明天（06/21）妳**是否**可以提出**行銷的購物抵用方案**？（which）」
「請問 Bella，抵用方案內容是**什麼**？麻煩請報告。（what）」
「請問 Bella，抵用方案需要哪些單位協助？各協助單位狀況如何？（how）」
「請問 Bella，抵用方案**有沒有**需要額外協助的？（if）」

「請問 Bella，6/25 的行銷**對外宣傳是否**可以依原定日期提出？（which）」
「請問 Bella，對外宣傳內容是**什麼**？麻煩請報告。（what）」
「請問 Bella，對外宣傳需要哪些單位協助？各協助單位狀況**如何**？（how）」
「請問 Bella，對外宣傳**有沒有**需要額外協助的？（if）」

「請 Bella 總結這部份討論。」

「我們下一次週會是 6 月 30 日，因此也請 Bella 提出網路促銷活動方案上線的準備狀況，以及預定的效果。」

臨時動議

「請問各位，還有沒有其他臨時動議要提出的？」

以日期為指標的前提，在於抓關鍵時間 + 關鍵事項，可避免「微型管理」的弊病。**簡而言之，試著相信員工，並且假設他們時間一到，「事情會做完 = 事情會做好」。**

Q28：如何確定達成M就可以做到G？

二、以績效為指標

績效指標有 2 種類別：（1）前進指標（2）小目標。

照字面的意義，績效指標就是以「效果」當做執行目標的依據，因此設定 M 的指標，就是希望透過一些訊號預測是否達標。以本章前述的兼差外送為例，績效指標可設定為（寫法 1）：

1. 晚上黃金時段 2 小時的進單量至少 10 張（前進指標）；或
2. 每星期平均進帳 2,000 元（小目標）

以圖 8-1 為例，績效指標可設定為（寫法 2）：

1. 每星期 VIP 主顧客回流至少 50 位，平均客單維持在 8,000 元（前進指標）；或

2. 每星期達成 100 萬元業績目標（小目標）

第 1 種寫法是 OGSM 的精神所在，前進指標有點像是達標前的訊號，就像進行減重之後，開始覺得穿褲子時不用吸氣可以輕易地扣上鈕扣（這是我的真實經驗呀），你就知道你的減重出現成效了。這就是為了達成目標，你會在達標的過程去確認是否正在往達標（減重）的路上走。

以前述例子來說，如果在重要黃金時段晚上 7 至 8 點這 2 小時內接了至少10 個外送單，大概就可以知道今天可以達標；同理可證，如果這星期 5天平均服務到 1 至 2 位主顧客，並且消費金額都超過 5,000 元，心裡就有譜，這個月應該有機會做到業績。

許多目標設定，其實都有前進指標的訊號，例如：（可參考表 8-3）

- 機器的 OEE（overall equipment effectiveness，全局設備效率）水準，可以以用料浪費的比例來預見。
- 機車的銷售率，可以用顧客登記的試乘人數來推估。
- 品牌知名度，可以從網路關鍵字 Google Trend 來預測。
- 員工對公司社團的參與度，可以從乒乓球拍外借次數來推算。

但第 2 種寫法有個好處，它很直白、直接看結果，更重要的是——比較好學。 這樣的寫法更強調了**績效指標的結果論**，所以也有人稱 **M** 為「**小的 Goal 具體目標**」，這是有緣故的。

在絕多數例子裡，**M 是將多重指標——「日期指標」與「績效指標」交錯寫出**。我的建議是，先撰寫「日期指標」，然後在最後註上「績效指標」[11]（可參考表 8-4）。

以下羅列幾個在業界輔導時，包括歐美也較常出現的單一前進指標，以及多重指標供參考。

表 8-3：單一前進指標參考案例

以單一前進指標檢核			
Goal 具體目標		Measure_ Dashboard 衡量指標	Example （參考之）廠商案例
銷售金額 （Sell Out）	產品從零售商賣到消費者手上的零售金額（消費品）	● Sell-in（Sell-in）會反應未來的 sell out（依產品生命週期）	例：300 萬 sell-in 預估 2 個月後（10 月）可創造 360 萬元業績（sell-out）（以抽成 21% 計）
銷售台數 SU （Selling Unit）	產品從廠商賣到消費者手上的總數量	● BP（Brand Preference）以「品牌偏好程度」了解消費者對品牌選擇的偏向 低 / 高峰差距比例的 50%-60% 約莫是銷售台數的成長比	例：01/01-04/30 期間，透過經銷商的介紹後，消費者增加 12% 的品牌偏好度 預計於 05/01-06/30 期間間接提高 8% 銷售量（SU），較去年同期 8,600 台增加到 9,288 台

表 8-3：單一前進指標參考案例（續上表）

以單一前進指標檢核		
Goal 具體目標		Measure_ Dashboard 衡量指標	Example （參考之）廠商案例
全局設備效率 OEE （Overall Equipment Effectiveness）	評量生產設施有 效運作的指數	● Scrap 以「廢料」比例 預測 OEE 的運作 效率	例：1/1-10/31 期 間，若產生小於 2% 廢料，則可預 測今年全局設備 效 率 達（OEE） 85%
商品成交金額 GMV（Gross Merchandise Volume）	屬於電商平台企 業成交類指標， 指拍下定單的總 金額，包含付款 和未付款 2 部分	● Active buyer 「重複購買者」 比例可用來預測 該電商平台該月 （年）銷售狀況	例：04/01-04/30 期間若平均重複 購買者達 55% 則 可預測第 2 季達 600 萬商品成交金 額（GMV）
淨利率 Profit Margin	稅後淨利占營收 的百分比	● SKU 以（ 高 / 低 利 潤）產品單品數 量（SKU） 來 檢 視淨利率	例：01/01-12/31 期間減少至少 20% 的單品數量 （SKU）則預計 可為該年度創造 35% 的淨利

表 8-4：多重指標參考案例

以多重指標檢核	
Goal目標	**Measure_Dashboard 衡量指標 廠商案例**
Goal 1：人才庫成員最少 50% 參與公司重要專案並在 12 月 31 日產出 3 名有經理層級專案 經驗人才	3 月 1 日 75% 完成 KSAOs 盤點 5 月 1 日 95% 人員完成個人發展計畫 9 月 30 日 100% 參與企業大型年度專案
Goal 2：於 12 月 31 日提高車 輛（某產品）銷售至少 5,000 台	9 月 30 日 經銷商店面累計至少有 125,000 位顧客光臨 9 月 30 日 顧客知覺產品差異性分數達 7.5 分（總分 10 分） 10 月 31 日 顧客對產品喜好度達 7.5 分（總 分 10 分） 11 月 30 日網路點擊人數達 25,000 次
Goal 3：於 7 月 31 日完成新產 品上市	3 月 8 日完成 EVT（工程驗證測試階段） 4 月 30 日完成 DVT（設計驗證測試階段） 5 月 31 日完成 PVT（生產驗證測試階段） 6 月 30 日完成 MP（量產）

* 因版面緣故，在此省去「Strategy 策略」欄位

回顧「Goal 具體目標」單元，前面曾提過 L3 的目標概念就是進行「分配」。將目標依時間分配（例如 4 週），將目標依人數分配（例如 5人），將目標依績效分配（例如 22 萬元 / 每週 / 每人），就是進行目標切割。

Q29：「指標」和「目標」如何區分？我實在搞不清楚這兩者之間的差別在哪裡⋯⋯

但為了更彰顯 M 的檢核功能，建議不要只是將大目標切細，然後直接貼在 M，更好的方法是，另外尋找會達標的**「迷你大效果」關鍵指標──「前進指標」**。

例如目標想要一個月多賺 8,000 元，真正有效的關鍵指標是「每天晚上 7 至 8 點這 2 小時間接單數須達 20 筆（前進指標）」，而非「每星期進帳 2,000 元（小目標）」。因為前者決定了後者。

例如目標想要一個月達 400 萬元營業額，真正有效的關鍵指標是「每星期 VIP 回購人數達 50 人，平均客單價超過 8,000 元（前進指標）」，而非「每星期做到 100 萬元（小目標）」，因為前者決定了後者。

藉此，你也更能理解，「目標」通常談的是終點站或是每個小休憩站。但是**「指標」關乎的是，走到終點站前（Goal）的每個該被關注的關鍵。指標就像是行動指針，會不斷告訴你現況**，指標會讓你進行預測，讓你了解達標的可能，而且讓你評估是否趕緊採取行動，以修正走回原來設定的正軌。

有效分配資源，進行協作

《OGSM 打造高敏捷團隊》一書推出後，顧問團隊積極地進入到許多企

業的內部運作，有一件事讓我們頗為驚訝——**中高階主管們好像都不太清楚其他部門在做些什麼。**

同一層級的主管——像是經理們之間相互認識，也都叫得出名字，但談不上熟識。泰半都是透過和總經理開會而彼此照面。會說上話也是因為總經理要求在工作上需要彼此配合。由於彼此互動很有目標性，完成一件事後便鮮少有溝通交流的機會，更遑論深入了解對方工作流程了。

舉個讓我印象深刻的例子，某企業在一次 OGSM 策略會議中，主管彼此之間才知道，原來為了推新產品，業務部門早就在第 2 季籌畫在全台舉辦 20 場新品說明會。但於此同時，行銷部門也準備在第 2 季針對重點經銷商舉辦新品發表會。在 4 月份開會時，行銷才赫然了解，原來之前請業務同仁配合上台或支援課程，一直被業務以「沒時間」為由拒絕，事實上是業務部和行銷部幾乎同時對同一個目標對象做一樣的事。

為了避免重工，M 的第二個子項目——「行動計畫 Action Plans」於焉誕生。

「M-Action Plans（以下以M-Plans表示）」稱之為行動計畫，凡是目標切割到不能再切割，目標細分到不能再細分，就稱為「行動計畫」。

「行動計畫」和付出行動、作為有關，這牽扯到時間和人。因此在「M-Plan 行動計畫」欄位中，描述的是在指標裡需要某個單位／人，「做出來」的工作細項。以上述表 8-1 的例子為例，如果拉出一條關鍵日期 06/21：

表 8-5：展開行動計畫－範例（1）

06/17	調出 VIP 客戶名單數量
06/21	**提報抵用方案**
06/25	行銷開始對外宣傳
07/01	網路促銷活動方案上線

那麼「M-Plans行動計畫」就是：

表 8-6：展開行動計畫－範例（2）

06/21 提報抵用方案	06/18	VIP 消費平均客單價確定（客件 X 客數）
	06/19	VIP 優惠方案預計業績貢獻度計算
	06/19	確認 VIP 優惠方案成本及抵用內容
	06/21	提報 VIP 優惠方案抵用方案

可以輕易看出「M-Plans 行動計畫」就是具體地將關鍵指標予以落實。而這個行動計畫表，如果再加上一個元素「單位&人名」就可進行跨部門溝通。

表 8-7：展開行動計畫－範例（3）

		行銷部 /Annie
6/21 提報抵用方案	6/18	VIP 消費平均客單價確定（客件 X 客數）
	6/19	VIP 優惠方案預計業績貢獻度計算（**財務部 / Bella**）
	6/19	確認 VIP 優惠方案成本及抵用內容
	6/21	提報 VIP 優惠方案抵用方案

Q30：為什麼可以使用M進行跨部門協作呢？

可以看到這個案子的所有者（project owner）為行銷部的 Annie，但是 Annie 會需要財務部的 Bella 幫忙，Bella 的協助就是跨部門溝通的結果。

這時你可能會問，「先問過 Bella 再把她的名字寫上去？」還是「先寫上去，再跟 Bella 說呢？」哈哈，我要請問你：「如果你是 Bella 當事人，你希望其他部門同事怎麼做？」我想答案已經出來了吧，應該是「先知會財

務部的 Bella，再把名字寫上去。」

聽到這答案的人又會問，「那如果 Bella 拒絕呢？」答案也很簡單，先把財務部單位寫上去，但是人名先空著，接著在會議中請雙方部門主管協調（例如：行銷部經理 VS. 財務部經理），請你的主管在會議中向財務部主管請求協助。可以理解的是，主管對主管的溝通通常比較容易，靠你自己單方跨部門作協調，可能會演變成「打擾」，到最後碰一鼻子灰的結果，容易吃力不討好。

「M-Plans 行動計畫」呈現出執行者的時間管理能力。

番茄工作法

由於行動計畫已經精細到在特定時間點要做什麼工作，很多人會用 Goolge 表單或行事曆管理每日工作清單。時間管理並非本書想要討論的議題，只是在此要提醒，要讓自己在有限的時間，有意識地去做「重要但不緊急的事」。這意味著，你必須留意不要讓「緊急工作事項」佔用太多時間，忘了分配時間給更重要或有價值的事。席恩‧柯維（Sean Covey）等 3 位作者所撰寫的《執行力的修練》（*The 4 Disciplines of Execution*）一書，即比喻此種緊急的日常是「旋風」（whirlwind），它會讓你分心在每天的急迫事務，讓你忘了抽出時間去做真正有價值的事。

近年來流行的「番茄工作法（Pomodoro Technique）」，以 30 分鐘為專注單位，設定 25 分鐘為工作時間，5 分鐘為休息時間，刻意讓使用者心無旁鶩地進入心流。不論用何種方法，只要能找出適用於個人的時間管理，

都是好方法。重要的是，你必須有紀律地、嚴格地、不輕易放過自己去遵守所擬定的行動計畫。

上述這些理想做法，無奈往往因為個人時間管理不佳、個人工作能力不足，或是突發事件讓工作步調失序，或是因為主管沒有盯著就放鬆了，導致原本設定的計畫無效或拖延。設定目標容易，談策略也不難，其實真正難的是慣性和拖延，總拖著我們墜落到無盡的匆忙深淵，難以自拔。

> Q31：如果M的設定或執行有問題，我該怎麼調整？

所以當有人問，既然 M 和執行有高度相關，如果 M 在執行面有問題該如何修改呢？請掌握一個原則 ── **如果要修改 OGSM 請「從『後』往『前』改」。**

意思是，先觀察「M-Plans 行動計畫」是否有必要整個調整？修改後，試行一段時間，再檢討。如果認為有往前修改的必要，那就往前一欄，檢查「M-Dashboard 衡量指標」。試行一段時間之後，如果發覺整個方向的確不對，那就往前檢查「Strategy策略」看看，是不是找錯資源了。

以此類推，再往前推進到「Goal 具體目標」，不斷地由後往前看。重點是，用邏輯修改這張表格。

最忌諱的是，OGSM 寫了但施行後發現沒達標，就從前面的目標一直修改。沒想到目標一調整，後面的策略、指標、計畫就會整串連動跟著修改。

在疫情嚴峻，局勢比較變動的時刻，許多人提倡「敏捷管理」，認為「快快做、快快錯」快速學習下，去找到對的商業模式。我並非批評這樣的想法，只是在調整的過程中，如果沒有一個層次或邏輯，究竟要來來回回變多少次？更關鍵的是，主管不斷地來回變動，只要看到市場有個風吹草動就不斷的調目標，如此不但造成員工疲累，也因為缺乏時間醞釀而難以看到成果。當修正或調整沒有邏輯思維，無法溯源思路並有效吸取失敗經驗，將會無法建立具有學習能力的團隊，更遑論創造學習曲線，以失敗為師達到想要的效果了。

表 8-8：第 8 章「Measure 檢核」Q & A 重點整理

Q24	要如何知道 OGSM 被具體執行且能夠達標？	主管必須展現「控制」的管理能力
Q25	好的指標有哪些特色？	符合 SMART 原則、 有專業和經驗作支撐、 是上下溝通的結果、 得以有效分配資源
Q26	需要多久開一次 OGSM 會議呢？	依工作需求調整。但建議至少須召開月會
Q27	是哪個人要提出指標呢？我覺得我一下找不出指標耶……	在績效現場的人，最知道設什麼指標。因此，盡量讓執行的人提出衡量指標
Q28	如何確定達成 M 就可以做到 G？	將 M 的時間作更小單位的切割，或是找到 M 的關鍵重要指標以展現績效

Q29	「指標」和「目標」，我實在搞不清楚這兩者之間的差別……	「目標」通常講的是終（中）點站，「指標」就像是行動的指針，用來預測
Q30	為什麼可以使用 M 進行跨部門協作呢？	行動計畫中寫出單位／人名，可以協助跨部門同事對計畫的認同，也可協助主管跨部門協商
Q31	如果 M 的設定或執行有問題，我該怎麼調整？	掌握一個原則：由後往前改

第9章

OGSM的承接
與應用

OGSM 是用以設計讓經理人與部屬開放對話之用。

對話中去思考：什麼是贏的策略？我們的競爭場域？

我們的永續競爭力？

——艾倫·雷富禮（A.G. Lafley）& 羅傑·馬丁

（R.Martin）[12]

OGSM 依照組織層級，可上
下承接、內部協作。

9-1 | **OGSM 的垂直承接功能**

本章將我們曾經輔導的個案，過程中，對 OGSM 表格的轉型和運用，予以整理。在此我們強調，只要掌握邏輯，都非常歡迎自行調整 OGSM 的格式，以便更符合日常運用，成為新的日常。

OGSM 可協助主管與執行人員之間的共事。而這要從 1950 年代的日本汽車工作方式說起。

日本豐田汽車（TOYOTA）一直是精實管理的實踐者，精實管理中提到，「看板（Kanban）」作業及「安燈（Andon）」制度，應該是 OGSM 最早的雛形。「看板」作業如同在工作場所中以大白板讓所有現場人員以公開、易懂的方式，彼此知道職責，也都掌握彼此進度，以此相互配合。「安燈」制度則是用顏色和符號進行作業管理，一旦工作有狀況，需要支援或排除問題，就可以用顏色提醒其他相關人調整速度或進度。安燈制度讓人員深知，所謂的「完成工作」就是去服務下一個流程的人。這種內部顧客概念也是 OGSM 一頁表格的精神展現。

OGSM 力求一頁計畫表，簡單、公開、易懂，並且好修改，也是讓它在全世界，包括食品、生活用品、壽險、服裝製造等產業大量使用的原因。事實上，包括荷蘭海尼根（Heineken）、法國歐萊雅集團（L'Oréal）、法國希思黎公司（Sisley）、美國寶僑家品（P&G）、美國可口可樂（Coca-Cola）、美國聯合利華（Unilever）、美國瑪氏寵物食品（Mars Petcare）、美國大都會人壽保險公司（MetLife, Inc）、英國利潔時（Reckitt Benckiser），日本本田技研工業（或稱 HONDA）、德國黛安芬

（Triumph）等都以 OGSM 為彼此協作的重要工具。

為什麼 OGSM 的適用性和敏捷性如此之高？這是因為 OGSM 它有一套垂直承接的邏輯語法。

OGSM三層承接

本書到目前為止已介紹 OGSM4 個英文字母以及各自意涵。你應該已經注意到，O 和 S 都是純文字描述，G 和 M 都是數字或日期表述。因此這張表格暗示了，O-G 組合就是一組「文字 - 數字」組合；S-M 組合就是另一組「文字 - 數字」組合。OGSM 是兩對的概念：「文字－數字」VS.「文字 - 數字」。如果單位中有三個層級，分別為「總經理－經理－課長」，總經理的 OGSM 就可以透過兩兩對稱的概念，由經理承接。也就是說，總經理的 SM 由經理的 OG 解釋與執行。經理的 SM 由課長的 OG 解釋與執行。請參考下圖：

圖 9-1：OGSM 三層承接

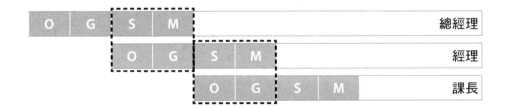

由上圖你可以發現，總經理的 S（純文字描述）由經理的 O 承接（純文字描述）；總經理的 M（數字呈現）由經理的 G 承接（數字呈現）。而 OGSM 的這個語法很自然地讓「主管 - 部屬」在工作對接上，不致失去方向，並產生執行力。主管不必擔心員工沒按照大方向走，員工也因為了解主管的「最終目的」，在充分賦權的前提下，更容易大膽地提出創意，甚至協助整個組織解決問題。

你應該也發現，有兩個部分沒有重疊：總經理的 OG 以及 課長的 SM。

我們期待，總經理能夠展現「願景領導」，透過提出公司的大方向，以及今年要具體執行的目標，成為員工遵循的依據。

我們期待，**基層主管如課長，能夠展現「當責執行」**，透過承接中階經理人想法，提出有創意且獨特的策略做法，並且往下展開到指標及行動計劃，讓整個 OGSM 可以落到每個人、每天的工作中。讓願景不再是口號！

最終，最高主管由上而下透過提出「最終目的」的理想境界，然後團隊由下而上地當責實踐。OGSM 一頁計畫表，只要一頁，在亂如纏絲的市場中，計畫得以有層次地、員工得以有秩序地去面對每場變動的戰役。

OGSM 依層分工

OGSM 的三層承接，在實際運用時可以分配給不同層級的人員撰寫。

這是因為許多高階主管希望能夠提供大方向，但是由於組織層級較多，執行面的部份還是希望下一階主管發揮。事實上我也相當鼓勵這樣的做法，

因為這樣一來，中階主管就必須發揮策略領導的精神，主動去思考做法，而不是被動等上級指示。

另外，也為避免市場變動過大，高階主管無暇思考公司的 O，我們也不希望中階主管一直在等待高層完成 OGSM 之後，才來發展自己的 OGSM，因此依層分工，是一個既能完成速度要求又能滿足團隊協作的做法。

因此，可以分別依照「總經理 - 經理－課長」層級來做 OGSM 分工

圖 9-2：OGSM 的分工──總經理層級

總經理提供公司的「Objective 最終目的」，亦即公司的願景。抓出其中關鍵字，成為該年度的重點執行，並落到「Goal 具體目標」而成為單位主管往下承接的依據。

在此稱呼的總經理是公司內實際執行管理事務的最高主管。在某些企業也稱為「總裁」、「CEO」等。總經理提出的 OG，稱為「大 O」與「大 G」。

圖 9-3：OGSM 的分工──經理層級

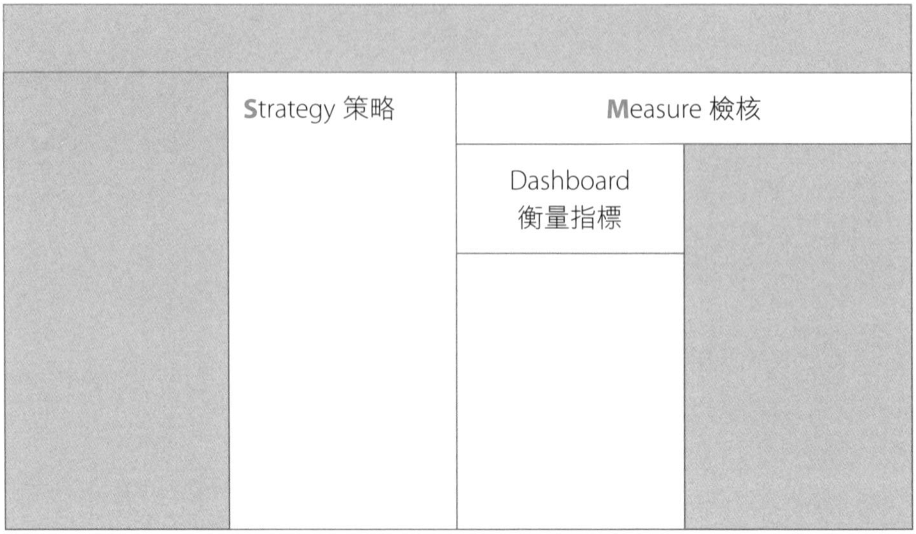

	Strategy 策略	Measure 檢核	
		Dashboard 衡量指標	

經理根據各自所屬的功能別單位，承接總經理的大 O，並以此發展出策略做法，並且和團隊溝通出可以檢核的「衡量指標」（如圖 9-3 以灰塊表示）。中階主管著重在呈上的想法，以及對下的溝通所產生的做法。

在此所稱的經理，是為「部門」內實際管理事務的最高主管。經理主要負責 S 和討論 M–D 衡量指標。

圖 9-4：OGSM 的分工──課長層級

	Strategy 策略	Measure 檢核	
		Dashboard 衡量指標	Action Plans 行動計畫

在此稱呼的課長，是以「工作團隊」為單位的主管。課長和經理共同討論出衡量指標後，即和執行團隊依照指標，擬定出執行的行動計劃。行動計畫因此必須寫出負責執行的部門╱同仁姓名。若需要其他單位協作也在此欄位寫出。行動計畫是整張表格最具執行力的單元，也會依照市場變動不斷修改。如果行動計畫還需要下一層同仁寫出更細的執行動作，可以直接再往下切割表格。

OGSM 位階概念

為什麼 OGSM 可以適應 B to B 以及 B to C 產業需求？是因為它的使用邏輯可以支撐這個表格的修改。邏輯有前後的因果概念，因此，只要抓準此種線性邏輯，甚至可以依照企業的需求，調整四個字母的位階。**只要位階往上移動，就代表這個動作的重要性往上提升。**

我們以表 9-1 和表 9-2 來展示位階概念。請讀者以總經理的角度，來看一下這兩張 OGSM 表格在意義上哪裡不同？

如表 9-2，「Strategy 策略」的位階被往前移動到「Goal 具體目標」，就可以看出「與外部協力廠商的合作」這件事，等於位階被往上抬一層，重要性變高，並以此發展出新的策略——「資策會（虛擬案例）」而更展現對這個合作執行時需要細節。

補充說明，原本的具體目標可以寫在 OGSM 的表格外，成為提醒的文字，而不需放在表格內。請牢記，**寫在表格內的代表需要團隊執行的最重要的事。**

9-2 | 3種OGSM「企業型表格」

但是，長年的輔導下來，我們觀察到上下承接容易出現組織規模的問題。意思是，我們意識到，組織分工的方式，因為公司規模大小、分工的不

表 9-1：OGSM 位階（1）

Objective 最終目的			
朝著結合 IoT 創新科技，接軌家電智能，成為每家每戶**信賴**的生活小幫手			
Goal 具體目標	Strategy 策略	Measure 檢核	
		衡量指標 Dashboard	行動計畫 Action Plans
1 月 1 日至 12 月 31 日，減少實體電話客服數量從每月平均 400 通減少到 320 通（減少 20%），並讓客戶滿意度從原本的 95 分提升到 97 分	透過和**外部協力廠商**合作建立 24 小時客服平台		

表 9-2：OGSM 位階（2）

Objective 最終目的			
朝著結合 IoT 創新科技，接軌家電智能，成為每家每戶信賴的生活小幫手			
Goal 具體目標	Strategy 策略	Measure 檢核	
		衡量指標 Dashboard	行動計畫 Action Plans
2022 年 7 月 31 日前與**外部協力廠商**合作建立 24 小時客服平台	透過資策會介紹合作廠商（虛擬案例）		

註：1 月 1 日至 12 月 31 日，減少實體電話客服數量從每月平均 400 通減少到 320 通（減少 20%），並讓客戶滿意度從原本的 95 分提升到 97 分。

同似乎在運用格式上需要調整。因此，表 9-3 －表 9-5 是我們根據不同組織架構及營業重點，發展出的 3 種 OGSM「企業型表格」。以下分別描述：

第一種是以 BU 為組織設計（Division Specific），需要多部門協作，以完成策略專案。

如表 9-3（範例），你可以看到公司「Objective 最終目的」（大 O）置放於表格最上方，接著是公司的 6 個「Goal 具體目標」（大 G）。等於是在這個表格上方，把最高主管的 O–G 全部呈現。

從這以下，就開始由各處（部門）承接公司大 O，也發展出自己的小 O。接著，以橫向為各單位模塊，分別序列各處或部門 1、2、3 的 GSM，依照著同樣的邏輯層層往下展開。

這個表格寫法的好處是，可以在同一事業單位（Business Unit，BU）下的各處（部門）看到彼此的工作要項和重點。此種設計特別適合事業單位負責人和底下各部處主管召開月會使用。並且可藉由此種公開表格，同一事業處的各單位，在會議中彼此協調需要補位的工作事項。對執行長而言，這張表格就像一張該事業單位的作戰地圖，可以很快地掌握，也能夠很快地修改各部各處的狀況。

第二種是以多品牌為發展的企業型 OGSM（Brand Specific），各品牌有獨特性並且在集團內獨立運作。而泰半，產品生命週期短，後勤單位需要靈活地根據品牌分配資源。

此種組織多半發生在多品牌的集團經營。例如：餐飲集團但旗下有多種口

表 9-3：BU 單位的 OGSM 企業型表格（Division Specific）

企業名稱						
公司 -O						
公司 -G	G1：		G2：		G3：	
	G4：		G5：		G6：	
處 OR 部門 1-O						
處 OR 部門 2-O						
處 OR 部門 3-O						

處 OR 部門1						
年度			Q1	Q2	Q3	Q4
G	S	MD	MP	MP	MP	MP
G1	S1-1	M1-1-1				
	S1-2	M1-2-1				
		M1-2-2				
G2	S2-1	M2-1-1				
	S2-2	M2-2-1				

處 OR 部門2						
年度			Q1	Q2	Q3	Q4
G	S	MD	MP	MP	MP	MP
G1	S1-1	M1-1-1				
	S1-2	M1-2-1				
		M1-2-2				
G2	S2-1	M2-1-1				
	S2-2	M2-2-1				

處 OR 部門3						
年度			Q1	Q2	Q3	Q4
G	S	MD	MP	MP	MP	MP
G1	S1-1	M1-1-1				
	S1-2	M1-2-1				
		M1-2-2				
G2	S2-1	M2-1-1				
	S2-2	M2-2-1				

免費下載此表，請見附錄

表 9-4：多品牌經營，但以品牌為中心的 OGSM 企業型表格（Brand Specific）

企業名稱			
公司-O			
公司-G	G1：	G2：	G3：
	G4：	G5：	G6：
品牌1營運中心-O			
品牌2營運中心-O			
供應鏈中心-O			
財管中心-O			
營管中心-O			

品牌1						
			Q1	Q2	Q3	Q4
單位	G	S	MD/MP	MD/MP	MD/MP	MD/MP
品牌1營運中心						
品牌發展中心						
供應鏈中心						
財管中心						
營管中心						

品牌2						
			Q1	Q2	Q3	Q4
單位	G	S	MD/MP	MD/MP	MD/MP	MD/MP
品牌2營運中心						
品牌發展中心						
供應鏈中心						
財管中心						
營管中心						

免費下載此表，請見附錄

味、在多種通路營運的品牌、生活用品集團但開發出不同的產品線、美妝集團下有數個根據不同目標眾的品牌等可使用此形式表格。

如表 9-4，循著三層承接，同樣的邏輯，公司的「Objective 最終目的」（大 O）仍放置在表格最上方，往下展開公司的「Goal 具體目標」（大 G），同樣的各品牌或單位往下延續而發展小 O。這樣的寫法代表，是層級比較複雜，或是組織較為龐大的寫法。因此把共同的部分先置頂，把表格呈現的細節著重在各品牌的經營。

接著，以品牌為單位，發展出支撐品牌會需要的營運單位、（原料）供應鏈、財管中心、營運管理各自的小 G 以及相對應的 S。

此張表格最大的特色在於「Measure 檢核」為了因應產品生命週期短，並且以通路經營為主力的產業特色發展。由於需要快速面對市場，勢必需要在高執行面的「Measure 檢核」給予更多空間，因此表 9-4，M 以四個季度分開，然後再區分為「MD_ 衡量指標」以及「MP_ 行動方案」。

第三種也以多品牌為發展的企業型 OGSM，以通路為主要經營型態，但與前者**不同之處在於：各品牌共享後勤資源（Function Specific）**。集團的原物料必須在精實管理和追求經濟規模之上，不斷取得動態平衡，因此訂貨量的確實預估，將成為企業掌握毛利率的關鍵。

如表 9-5，公司的大 O 以及大 G 一樣置放在表格最頂端。各品牌或營運中心一樣承接公司的最終目的和具體目標。

接下來在表格的左側，是各品牌的 GSM，由上而下分別列出。

表 9-5：多品牌經營，但以後勤為中心的 OGSM 企業型表格（Function Specific）

企業名稱						
公司-O						
公司-G	G1：		G2：		G3：	
	G4：		G5：		G6：	
品牌營運中心-O						
供應鏈中心-O						
財管中心-O						
營管中心-O						

Q1						
品牌			後勤單位			
品牌1			財管中心			
	G	S	MD/MP	G	S	MD/MP
品牌1營運中心						
品牌發展中心						
品牌2						
	G	S	MD/MP			
品牌2營運中心						
品牌發展中心			營管中心			
品牌3				G	S	MD/MP
	G	S	MD/MP			
品牌3營運中心						
品牌發展中心						
品牌4						
	G	S	MD/MP			
品牌4營運中心			供應鏈中心			
品牌發展中心				G	S	MD/MP
品牌5						
	G	S	MD/MP			
品牌5營運中心						
品牌發展中心						

表格整理：JW 智緯管理顧問公司楊鎮光
免費下載此表，請見附錄

在表格的右側欄位，則是每各品牌共享單位例如財管中心、營運管理中心、供應鏈中心等。此種表格的好處展現在右側的後勤部門。後勤單位能快且精準地掌握各品牌或各事業單位的動態，根據業績狀況，進行需求診斷，然後專業地推估原物料供給，以此推算未來 2-3 個月的訂貨、進貨，以此成為有力的後方支援團隊。

這種表格寫法，意圖在呈現後勤的機動能力，因此留比較多空間讓後勤部門寫出執行細節。

如果企業的原物料需要倚賴進口，貨運的推算時程若很大程度地決定公司的績效，甚至需要計算如何取得議價優勢，或求得經濟規模，各品牌或單位可能會共同使用某些物料（例如矽膠、顏料、雞肉食材等），都可以以此表格進行每週、每月、每季的協調會議。

9-3 | OGSM 與「PDCA」、「KPI」、「OKR」的關係

我經常被問到：OGSM 和 PDCA、KPI、OKR 這 3 種管理工具，到底有哪裡不同？由於牽扯到各個領域的專業，我就本人理解的部分概略地將兩兩關係，以圖示進行說明。

OGSM 與 PDCA

PDCA 分別是：規畫、執行、檢核、行動學習，由美國品質管理大師戴明博士（William Deming）所提出， 1980 年代開始由日本不斷修正後，成為世人所慣用的品質管理工作方法。

Planning 的規畫內含目標、策略、計畫、資源等子項目，可相對應於 OGSM 的「Goal 具體目標」與「Strategy 策略」；

Do 的執行內含檢核（分配後的小目標）及計畫，可相對應於 OGSM 的「Measure 檢核」。

PDCA 與 OGSM 最大的差距應該是在「Objective 最終目的」，這肇因於 PDCA 提出的年代較早，對於願景領導的著墨也少；同時，願景領導通常比較屬於歐美的領導概念，比較不是日本企業經營的模式。我認為，如果有 PDCA 底子也能非常快速上手 OGSM。

圖 9-5：OGSM 與 PDCA 的關係

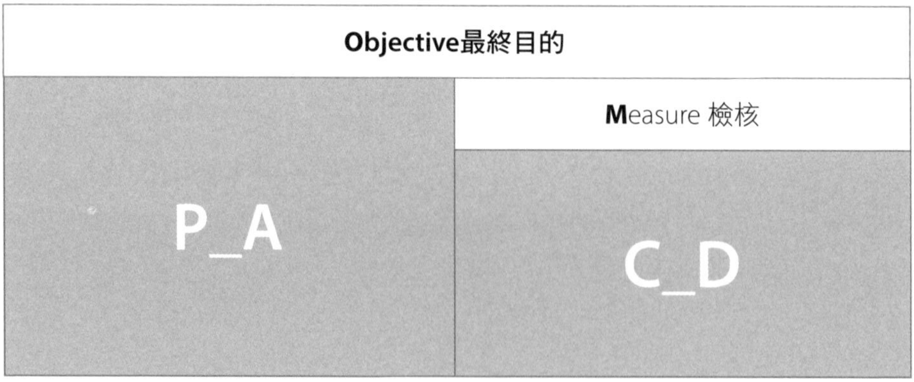

Objective最終目的	
	Measure 檢核
P_A	C_D

OGSM 與 KPI

KPI 關鍵績效指標（Key Performance Indicator，KPI），是衡量員工該年度表現的工具，屬於落後指標。意味著 KPI 在年初時制定，但主要在年中、年終時檢驗員工目標完成的進度。KPI 通常會連結到薪酬制度並且成為員工升遷的依據。

由於 KPI 顯然和執行有關，因此可相對應於 OGSM 的「Measure 檢核」。某些公司會把檢核下的子項目「衡量指標」當做員工的 KPI 指標。

某些公司會把檢核下的子項目「行動計畫」的執行狀況，換算成執行的百分比，以此當做員工的 KPI 指標。

不論是哪種操作，都請留意 OGSM 著重執行，其中「Measure 檢核」意圖呈現前進指標，但 KPI 則屬於落後指標，兩者有本質上的差異，使用的時候要特別留意合理性。

圖 9-6：OGSM 與 KPI 的關係

Objective最終目的		
Goal 具體目標	**S**trategy 策略	**M**easure 檢核
		KPI

OGSM 與 OKR

OKR 目標與關鍵成果（Objectives Key Results，OKR），顯示目標可由 1 個以上的關鍵成果所達成。是目標管理簡單的運用，偏重在目標分配以及由上而下的分工。

其中的 O 可對應於 OGSM 的「Goal 具體目標」（非 Objective 最終目的）。兩者都著重在具體目標的定義。

KR 可勉為對應於 OGSM 的「Measure 檢核」下的子項目「Dashboard 衡量指標」，是因為小目標的呈現是衡量指標的一種寫法。從圖 9-7 中你可以清楚地看到，OKR 比較不擅長願景領導，以及需要思考的策略做法。

圖 9-7：OGSM 與 OKR 的關係

OGSM 可以根據企業狀況隨時調整表格內容。我鼓勵你不斷微調這張表格，將 OGSM 調整到全公司每個人都能適用，就算是進公司才 3 個月的新人，都可以從中快速掌握公司狀況，並感受到自己是公司的一份子，進而齊心、協作、當責地完成工作。

一段變革旅程啟航了！

人生的中途，我走進錯路，

我從筆直的路上醒來，發現自己獨自在黑暗的樹林裡，

我該怎麼說……

死亡可能比這地方更痛苦！

但既然來了，我就會重新思考，

是否我所發現的一切其實是來自上帝的恩典？

　　　　　　　　　　——但丁（Dante Alighieri），《神曲》（*The Inferno*）

（以下以化名處理本故事）

那天，公司的企畫經理艾維斯用 LINE 傳來一段文字：「幸福幼兒園園長淑芬希望能夠導入 OGSM，創辦人想和老師通個話。」

「幼兒園……現在的幼兒園有這麼競爭嗎？需要用到 OGSM ？」這是我腦中浮出的第一個念頭。

「敏敏老師，上次上完妳的課，我想在各校試著推行 OGSM。我們是台中的連鎖幼兒園，共有 5 個分校，可是 5 個分校都各自運作，我覺得老師們太辛苦了，而且我也需要更掌握大家的狀況，我不能每天在 5 個校區跑

來跑去，我一個人精力實在有限……」幸福幼兒園創辦人淑芬在電話這樣說著。

淑芬以身為一個媽媽的愛心，創辦了幸福幼兒園，她融合義大利瑞吉歐（Reggio）、美國創客（Maker）精神，甚至還為園內老師舉辦設計思考（Design Thinking）工作坊與讀書會，瘦瘦身材的淑芬，總是帶著微笑，但微笑中總蹙著眉，看起來略顯心事重重。

我不太確定 OGSM 一頁企畫書是否適合幼兒園執行。而且我聽到 5 個分校要一起使用同一張表格，瞬間我腦中反而沒有概念了。要怎麼帶領幼兒園的園長和老師學會這個很硬的內容呢？這真的是個難題。

沒關係，先鋪墊 OGSM 的知識吧！看看他們學習的狀況再說。

我鼓勵幸福幼兒園的老師們至少先把書看完，然後我安排講師為他們導讀，因為學習 OGSM 需要具備一點管理學基礎，比較容易展開相關邏輯思考模式，並進行反思和討論。於是通完話後，雙方很快地決定派一位講師下星期一到幸福幼兒園進行導讀《OGSM 打造高敏捷團隊》一書。

星期一下午接到園長電話，她反應：「導讀的講師只有簡單敘述，但老師們更想要實際操作一遍，也想當面問我問題。」簡單來說，他們不滿足只有導讀，他們已經做好準備，希望我能到幼兒園現場上課。

我心裡是願意去的，只不過最快也得下個月，因為大部分課程都是在上課前 2 至 3 個月就已經底定，再怎麼快，也只能等下個月利用休假時間親自到台中一趟。

那一天，我進了急診室……

我記得那一個月，課程相當密集，身體感覺特別勞累，說話元氣也略顯不足，睡眠不夠，再加上水喝得不夠多，深度疲勞感不斷湧上。為了怕上課有狀況，因此我計畫前一天先到台中飯店過一夜，避免上課前太多舟車勞頓。那天，我勉力坐上先生開的車，一路睡睡醒醒往台中去，不知道過了多久，朦朧中看到台中福華酒店的門口，一瞄時間，晚上 10 點半了。很快地安頓自己，爬上床準備迎接明天課程的挑戰。平常一覺到天亮的我，少見地在凌晨 2 點醒來上洗手間，結果卻發現整個馬桶都是血，手、地上都是鮮血。這 10 年來我第一次掛急診，10 年來我第一次沒有如約上課。我錯過了幸福幼兒園的課程……

後來，我跟淑芬求饒地說：「不要上 OGSM 了，我身體不好，而且我實在擔心，這個工具對你們可能有點難度。」

「沒有什麼東西對我們有難度，我們肯學，老師！」淑芬堅定地說。

「只要妳身體好一點，我們等妳，我要妳來教我們！我願意等！」淑芬對這課程沒有任何猶豫，也不讓我有討價還價的空間。

「好……好吧，那再等我至少 1 個月吧，至少讓我把療程走完，身體要恢復沒那麼快，如果妳反悔了記得告訴我。」我也不放棄地試圖想要逃開這個培訓計畫。

終於，正式開始

2 個月後，先生再度地開車載我到台中，我們再度地下塌在台中福華酒店，我心情有點緊張，倒不是因為課程，而是因為 2 個月前的住院記憶讓緊張的感覺再度襲來。所幸一夜無夢，一夜安眠，總算，讓我看到幸福幼兒園的大門，我來了！

40 雙眼睛來自 5 位園長、所有重要課程的老師，幸福幼兒園員工全部到場。學員全部坐在小朋友尺寸的椅子，桌子上也都是美勞課留下的水彩痕跡。整個畫面有點錯亂和魔幻，看起來很像《魔戒》（*The Lord of the Rings*）電影裡，一般身形的大人坐進哈比人的家具上。

40 雙眼睛，7 個小時的聆聽，第一天課程結束了。一如以往，我要求老師們要寫功課，每個人根據工作內容寫出一張 OGSM。

「敏敏老師，如果我們寫各校的可以嗎？」玲玲園長問我。玲玲園長是這群老師中，最早自行閱讀 OGSM，也是了解這個工具最透徹的人。她在課堂中問了許多有深度的問題，我感受到她的好奇，也震撼於她的活力。她的問題再度證明了我的看法——教小孩子最難，而教小孩子的老師最令人敬佩。

晚上 6 點離開幼兒園時，40 位老師都還坐在座位上沒人打算離開。我忍不住回頭問：「妳們怎麼還不走？」

照理講，上了一整天的課，屁股坐在又硬、又小的位子上，忒是讓人難受，應該是恨不得想趕快逃走。

「敏敏老師，我們要完成明天的作業，所以各校園長已經帶大家在討論各分校的 OGSM 了。老師別擔心，我們明天會交作業的。」玲玲老師眼帶爍光，自信地說。

隔天一早 8 點到教室。創辦人淑芬要我早點到校參觀幸福幼兒園區。整個園區充滿藝術美感，我在辦公室裡看到 7、8 位外籍講師。地下室偌大的空間擺放廚房教具、畫畫工具，原來小朋友得動手做，動腦想，所有老師的任務就是啟發小朋友的思維，並給他們試做、試錯的信心。

早上 9 點半準備上課了。一開頭，我先問各位老師寫作業時有沒有遇到問題。這句話一講出來，我就花了 2 個多小時解決疑問和想法。

我很驚訝這些提問，因為從問題中，我很容易辨識是否真正寫過 OGSM，或是否曾認真思考這個表格。即使 OGSM 我寫了 10 幾年，我知道，要信手拈來也是需要一些練習的。

「接著，我要讓各分校上台報告各自的 OGSM。報告時有 4 個步驟：首先，上台報告約 10 分鐘，然後台下提問，接著我會提問，最後我們逐一檢查 OGSM 的邏輯是否正確。」

從上午 11 點報告到下午 4 點，中午只有 15 分鐘吃飯，各分校又繼續討論及報告。這些老師活力充沛，但我又開始察覺身體有異樣，害怕的感覺再度湧上來，心裡一沉，腦袋裡慎重思考是否就此把課程打住。

從上午 11 點到下午 4 點，淑芬也都陪在我身邊，她 12 萬分投入和認真，每個園長報告完，淑芬都急著想講話。

我回頭跟她說：「莫慌莫急，妳忍耐。」淑芬點頭。

OGSM 的重點不是在每個字母的意思是什麼，而是邏輯所帶出來的反思。我要淑芬傾聽而且觀察。我詢問每個上台報告的園長：

「妳的 O 關鍵字是什麼？」
「妳覺得妳的目標設定和 O 的關鍵字有關連嗎？」
「如果妳提出的數字沒有基準點，我怎麼知道妳的數字是合理的？」
「日期呢？ 為什麼所有的日期都是從 01/01-12/31 ？難道妳的目標沒有時間層次？」
「這個策略之前用過嗎？這次為什麼用呢？」
「妳的這個策略寫得很像 Goal，妳告訴我什麼是策略？什麼是目標？」

到下午 4 點，我們都累了。

幸福幼兒園園長和老師們坐在小孩椅子上，腳無法伸直，桌子也因為高度過低，導致脖子痠痛，我想課程應該可以告一段落了。

玲玲園長突然說：「敏敏老師，這個表格可以拿來內部開會用嗎？」永遠好奇、活力充沛的玲玲又拋出問題給我。

「當然，以前 OGSM 這張表格就是我們內部開週會使用的。妳想看整個開會過程嗎？」我問玲玲。內心希望她很客氣地說，不用了，她們自己可以試試看。

「好呀，敏敏老師，我們用 OGSM 來開一次會好嗎？」

語畢，他們立刻印出 5 個分校的 OGSM 5 張 A3 紙，用透明膠帶黏成一

張，立馬產生出一張史上最長的 OGSM「一頁」表格。我說 OGSM 只能一頁，她們很天才地把 5 張 A3 黏成一張——嗯，真的是一頁。

我代替淑芬的創辦人角色，運用 OGSM 中的 M 示範該如何開會。我是這樣開始的：

「我們的 O 是要創造啟發幼兒，追求藝術美學，並成為老師們適才適任的學習環境」

「我們的 G 是要在 2022 年 1 月……」

「我們的 S 是透過 STEAM 教材……」

「玲玲園長，妳可以報告一下之前的招生狀況嗎？」

「玲玲園長，請妳說明這個月的工作重點。」

「玲玲園長，請問妳新的設計思考教材，下星期可以出得來嗎？需不需要其他分校幫忙？」

「請問有沒有臨時動議？」

整個過程，所有上課的老師圍著我，看我進行角色扮演，聽我模擬開會情況。整個過程，之前一直提出意見，甚至打斷老師們報告的淑芬，靜靜地聽，出神地看。接著，我請淑芬根據我剛剛的示範做一遍。淑芬表現出奇得好，她很快地掌握 OGSM 的邏輯以及開會次序，唯一不同的是，她學會讓各分校園長先報告，不急著給意見，過程中專注聆聽，並且做完結論後才往下一個主題討論。

淑芬不一樣了，我已經看到幸福幼兒園開始脫胎換骨。

雖然累，但收穫滿滿

我們都承認這 2 天培訓真的很辛苦，甚至有點痛苦，身體和精神就像到地獄走了一回，感覺精力都快無法支撐。48 小時前，我還不確定可以和他們一起走到什麼程度，交出什麼樣的培訓結果。48 小時後，我帶著疲倦但充滿喜悅的笑容，反而不捨這一切即將結束。

沒有人覺得變革過程是輕鬆的。因為「變革」這個字，就是在告訴你離開舒適圈，離開熟悉的地方。

沒事，誰願意離開舒適？除非逼不得已。

因此，變革這件事肯定需要一點外在推力，我認為，一個人要能願意自主地破壞現有生活秩序，投身於不確定中，不只是很難，而是非常難。

輔導幸福幼兒園這段歷程教會我很多事：

> 變革，需要領導者的堅持。只要認為是對的，是需要的，就持續追求，不斷堅持下去。

> 變革，需要領導者的先行。領導者率先閱讀，領導者率先撰寫，領導者自己先掌握知識和狀況，以利與團隊溝通。

> 變革，需要一群堅毅的追隨者。追隨者了解領導者的想法，並跟上領導者的腳步，而且進一步發揮各自專業和經驗，以此補足領導者的盲點或不足。

> 變革，需要外部力量給予修正和提醒。顧問是個有力的第三方角色，不斷提醒、引導、總結過程。

變革，需要擁有階段性成功，並以此慶賀。當 2 天工作坊結束時，不只是完成任務，完成培訓，更是彼此鼓勵，彼此收割努力成果的勝利時刻。

就如同我很喜歡的一本書《極地》（*The Endurance*），內容描述英國探險家薛克頓爵士（Ernest Shackleton）遠征南極的失敗故事。書中寫道，每個旅程都充滿了不確定性，讓人不時想起義大利詩人但丁的《神曲》三部曲中，〈煉獄篇〉對於痛苦和未知的描述。

但對於變革，我想跟每個領導者說：「你會發現用什麼工具其實並不重要，更重要的是，你在這段實現理念的旅程中，擁有一群始終不離不棄的夥伴。」

對我如斯，對你亦然。

張敏敏 誌於 2022 年 4 月
台北市羅斯福路四段 1 號

免費OGSM表格下載

為了滿足許多 CEO 及總經理的需求，以下特別免費提供「第 9 章提到的 3 種企業型 OGSM 變化表格」、第 2 章一開頭的「OGSM 原始表格」以及「2 個 OGSM 完整案例」，請掃描 QR-code 後下載，你可以直接在表格上修改，馬上就能擁有一份專屬自己的 OGSM。

表2-1：OGSM原始表格	
表2-2：OGSM範例——傳統服飾製造業	
表2-3：OGSM範例——智能家電	

表9-3：BU單位的OGSM企業型表格	
表9-4：多品牌經營，但以品牌為中心的OGSM企業型表格	
表9-5：多品牌經營，但以後勤為中心的OGSM企業型表格	

—— 注釋 ——

前言

1 https://www.pwc.tw/zh/ceo-survey/2021/assets/2021-taiwan-ceo-survey.pdf

2 Yahoo 新聞 / 東森新聞 2020 年 5 月 11 日 https://tw.stock.yahoo.com/news/%E6%92%90%E4%B8%8D%E4%BD%8F%E4%BA%86-%E6%AD%A6%E8%82%BA%E7%96%AB%E6%83%85%E5%BB%B6%E7%87%92-%E7%99%BE%E5%B9%B4%E8%80%81%E5%BA%97%E9%A9%9A%E7%8F%BE%E5%80%92%E9%96%89%E6%BD%AE-031700523.html

第 1 章

3 "attention to that which（change）is ridiculous, irrational, disordered, unpredictable, uncertain, unexpected, stupid, inane, nonsensical, contradictory or just plain silly." by Heracleous & Bartunek（2021）," Organization change failure, deep structures and temporality：Appreciating Wonderland, Human Relations, Vol.74, No.2, pp208-233.

第 2 章

4 Drucker P.F. (1976), "What results should you expect? A user's guide to MBO". American Society for Public Administrition, Vol. 36, No.1, 12-19.

5 Drucker P.F. (1976), "What results should you expect? A user's guide to MBO". American Society for Public Administrition, Vol 36, No.1, 12-19.

第 3 章

6 "A successful company is one that has found a way to create value for customers", by M.W. Johnson, C.M. Christensen, & H. Kagermann（2008）, "Harvard Business Review, pp57-68.

第 4 章

7 "Customer value is perceived uniquely by individual customers; it is conditional or contextual ; it is relative; and it is dynamic", by J.B.Smith & M. Colgate （2007）, Journal Marketing Theory and Practice, Vol.15, No.1, pp.7-23.

第 5 章

8　"Attaining challenging goals is often the path to more internal and external benefits than easier goals （e.g., pride, educational credentials, better job, higher pay）", by Edwin A. Locke & Gary P. Latham （2019）, American Psychological Association, Vol. 5, No.2, pp93-115.

第 6 章

9　"group goal setting increased team identification, the readiness to compensate for other weak group members, the value of group success...", by Jürgen Wegge & S. Alexander Haslam （2005）, European Journal of Work and Organizational Psychology, Vol.14, No.4, pp.400–430.

第 7 章

10　"The essence of strategy formulation is coping with competition….competition in an industry is rooted in its underly economics, and competitive forces exist that go well beyond the established combatants in a particular industry. Customers, suppliers, potential entrants, and substitute products are all competitors….. ", by Michael E.Porter （1979）, Harvard Business Review March-April, pp.1-10.

第 8 章

11　請參「執行力的修練」作者 Sean Covery, Chris McChesney, and Tim Huling，由天下雜誌出版社出版（2014）

第 9 章

12　"The P&G process was designed to open a dialog between top management and each bhsiness's leaders to discuss strategic choices. What is your winning aspiration? Where will you play? How will you win?" by A.G. Lafley and R. Martin（2013）, Strategy & Leadership, Vol. 41, No 4, pp.4-9.

國家圖書館出版品預行編目資料

OGSM 變革領導：打造企業創新力，建立靈活、隨時擴充的
全公司溝通系統工具／張敏敏著. -- 初版 . -- 臺北市：城邦
商業周刊 , 2022.05
208面；17×22公分
ISBN 978-626-7099-23-0(平裝)

1.目標管理　2.決策管理　3.組織管理

494.17　　　　　　　　　　　　　　111001885

OGSM變革領導

作者	張敏敏
商周集團執行長	郭奕伶
視覺顧問	陳栩椿
商業周刊出版部	
總監	林雲
責任編輯	盧珮如
封面設計	萬勝安
內頁排版	邱介惠
出版發行	城邦文化事業股份有限公司-商業周刊
地址	104台北市中山區民生東路二段141號4樓
	電話：(02)2505-6789　傳真：(02)2503-6399
讀者服務專線	(02)2510-8888
商周集團網站服務信箱	mailbox@bwnet.com.tw
劃撥帳號	50003033
戶名	英屬蓋曼群島商家庭傳媒股份有限公司城邦分公司
網站	www.businessweekly.com.tw
香港發行所	城邦（香港）出版集團有限公司
	香港灣仔駱克道193號東超商業中心1樓
	電話：(852)25086231　傳真：(852)25789337
	E-mail：hkcite@biznetvigator.com
製版印刷	中原造像股份有限公司
總經銷	聯合發行股份有限公司　電話：(02) 2917-8022
初版 1 刷	2022年 5 月
初版 6 刷	2024年 1 月
定價	380元
ISBN	978-626-7099-23-0
EISBN	9786267099483（PDF）／9786267099377（EPUB）

金商道

The positive thinker sees the invisible, feels the intangible,
and achieves the impossible.

惟正向思考者，能察於未見，感於無形，達於人所不能。 —— 佚名